LOCUS

LOCUS

LOCUS

LOCUS

touch

對於變化，我們需要的不是觀察。而是接觸。

量子管理

最轟動的觀念：管理，要引進物理理論

Future Perfect

Strategy is the Writing of History

史丹・戴維斯 Stan Davis

譯者：何穎怡

a *touch* book
Locus Publishing Company
11F, 25, Sec. 4 Nan-King East Road, Taipei, Taiwan
ISBN 957-8468-21-0 Chinese Language Edition

量子管理
作者：史丹・戴維斯 (Stan Davis)
譯者：何穎怡
責任編輯：陳郁馨　美術編輯：何萍萍
法律顧問：全理法律事務所董安丹律師
出版者：大塊文化出版股份有限公司　e-mail : locus@locus.com.tw
台北市105南京東路四段25號11樓　**讀者服務專線：080-006689**
TEL：(02) 87123898　FAX：(02) 87123897
郵撥帳號：18955675　戶名：大塊文化出版股份有限公司
本書中文版權經由博達著作權代理公司取得　版權所有・翻印必究
總經銷：北城圖書有限公司　地址：台北縣三重市大智路139號
TEL：(02) 29818089 (代表號)　FAX：(02) 29883028　29813049
排版：天翼電腦排版有限公司　製版：源耕印刷事業有限公司
初版一刷：1997年 7 月　初版4刷：2000年 1 月
定價：新台幣250元

目錄

序幕

限制與資源：一體兩面

大哥大和 e-mail，原是要幫我們節約時間的，

我們卻發現工作時間更長了。

時間、空間與物質，似乎總是限制了我們；

如何才能讓這三者成爲資源？

自十年前我出版《量子管理》（*Future Perfect*）一書以來，該書引介的一些觀念現已成爲商界準則。

譬如速度戰的觀念十年前才誕生，現已成重要的商戰策略。又譬如，本書的兩個章節〈任何時間〉（Any Time）、〈任何地點〉（Any Place），十年前聽起來像怪異名詞，但是三年後，波士頓顧問群公司（Boston Consulting Group）便針對本書所提的與時間賽跑的觀念，設計出實戰練習。六年後，美國電話電報公司發表新的全球策略，年度報告上的標題就叫做「任何時間任何地點」，這已經是許多公司津津樂道的經營策略了。

同樣的，本書所發明的「大量定做」（mass customization）一詞也成爲流行辭彙，潘恩（Joseph Pine）甚至寫了一本專書《大量定做》加以討論（哈佛商學院出版，一九九二年）。《商業週刊》（*Business Week*）也在一九九五年三月六日那一期的封面故事說，大量定做是商業五大新準則之一。許多公司現在都可以大量生產可滿足顧客個別需求的產品，譬如李維牛仔褲公司（Levi Strauss）用電子儀器測量你的尺寸，幾天內爲你送上量身定做的褲子，價錢和工廠量產的價格差不多。

我在十年前提出的理論解釋了近來的商業趨勢，也預言了未來更多的突破。**這個理論奠基於簡單的演繹，兩個前提爲：時間、空間、物質是宇宙的基本面向；而商業是宇宙的一部分，結論是：時間、空間、物質爲商業體的基本面向。**《量子管理》旨在指出此結論的威力。這個論點今日已廣爲人所接受，十年前卻被認爲過於先進，只能看到些微的趨勢走向。

以往人們認爲空間、時間、物質是上帝加諸於人類的限制，現在則被視爲資源，如原料、資金與勞力般可供利用。不過也和傳統的經濟資源一樣，空間、時間、物質的運用可好可壞，端看你如何運作。無論如何，它們已成爲商業運作的基本元素。

可攜帶的組織

把宇宙的抽象眞理運用在商業上，妙用無窮，但你得先學會問問題。當我寫作《量子管理》一書時，讀了不少物理書籍，開始思考時間在商業策略裡所扮演的角色。如果時間是商業策略裡的要角，空間與物質是不是也一樣？我不知道這兩者代表什麼意義，但是我告訴自己「相信這個推理」。

我先從分類著手，譬如區分產業（販賣何物）與組織（如何販賣）。再把產業區分出產品內容、服務與市場，然後問自己何謂商品空間？什麼又是市場空間？

就商品空間的思考部分，我擬出了一些問題。譬如，一個商品可以有多少空間面向？答案是，如果這個商品是無形的，空間面向就很多。商品密度又是什麼？它就是商品體積與價值比。兩個同等功能的產品，一個必須在定點使用，一個可以隨身帶著走，價值又差多少？後者，就是「可攜帶性」。

可攜帶性，人人都懂，需要長篇累牘解釋，是因爲如果將可攜帶性衍伸到產業的其他部門，就會創造出一些不是那麼立即可懂的概念，譬如「可攜帶式市場」、「可攜帶式組織」是什麼意思？

當我們學著如此問問題，就學會了如何思索產業的時間、空間、物質元素。譬如空間與價值的關係是什麼？我們可以衍生兩個問題：**在同樣的空間裡，如何增加產品的價值？或者價格不變，產品的空間可否縮小？**前者是「產品附加價值」，後者就是「微縮化」。

在市場空間部分，新的通路製造了新的市場，自《量子管理》一書出版後，我們看到郵購目錄與電視購物創造了新的市場。當我們加速邁入電子商業時代，市場空間的概念還會再改變。

提出這些問題的目的，旨在激發讀者對自己的企業有新的思惟架構，盡量列出所有的空間特性，然後思考這些特性將如何改變貴公司的產品面貌、市場優勢，又能如何改善管理。同理，我們也可以用相同的思考模式，考量時間與物質兩個因素。

很快的，你會發現新作法。最明顯的例子是羅斯查德（Micheal Rothschild）所著的《生物經濟學》（*Bionomics*，一九九〇年出版），他用生物學解釋經濟，將經濟當作一個生態系統，一如我用物理學來看商業。

「任何時間」與「即時」

在《量子管理》一書裡，我分別自客戶與廠商兩個觀點來處理時間因素。從客戶觀點來看，他們想要某樣產品或服務時，就希望你在「任何時間」都可以供應。廠商的觀點則強調

「即時」供應。兩個觀點都沒錯，重點在廠商如何縮短「任何時間」與「即時」的落差。從認知客戶需求到滿足客戶需求，兩者間的空檔，將是未來企業最需要聚焦的時間因素。

以往，一個公司的價值鏈（value chain）難以縮短，譬如從購買原料與中間財貨（intermediate goods），到出貨給經銷商，再到送抵客戶手中的冗長過程，經常長達一年。未來十年，縮短價值鏈將是企業必爭之戰。

時間既成重要的商業邏輯，價值鏈的縮短也成爲企業成功與否的指標。型錄與現金流量不再是測量指標，時間才是測量指標。現在誰還打字、列印文件、放入信封寄出？甚至列印傳眞也落伍了，電子郵件只需按「發送」鍵就完成任務。設計飛機汽車，何必作實體模型？電腦模擬比它更精確省時。波音公司現在有百分之九十的新飛機，都用電腦模擬試驗；福特汽車卻仍有百分之九十的新車試驗採用實體模型舊法，但可望在公元兩千年前，調整爲百分之九十用電腦模擬試驗。老實說，我們現在說縮短時間所達成的效益，不再是百分之三的邊際效益，而是躍升百分之三百或者是加速五倍的效益。

以往，管理階層擔心金錢的時間價值，現在則努力管理時間以求金錢效益。當時間與金錢兩個因素交織，產業將產生微妙變化。工業時代以前，企業必須苦等數個月船期，貨款與信用狀才姍姍到來。工業時代的經濟則將數個月縮短爲幾星期，幾天，甚至幾小時。而在資訊經濟時代裡，票據交換與線上金融交易（communicating financial transaction）都可以在不到一秒內完成。

國民生產毛額是貨幣發行的基礎，但就如安永會計公司（Ernst & Young）的梅爾（Chris Meyer）所指出的，當你將時間因素引入後，國民生產毛額就變成貨幣乘以貨幣的速度。如果金錢的速度是無限快，你就不需要金錢（或僅僅需要一塊錢即可）。雖然這是邏輯推理的歸謬法，但它確切指出，吾人當求縮短貨幣及其他金融工具在世界經濟體系中流動的時間。電子時代裡，資訊網路將我們推進一個幾近速度無限快的時代。

工作與個人時間也緊密結合了。電腦、傳眞機、大哥大、呼叫器和電子郵件原本是設計來節約我們的工作時間，但是人們卻發現工作時間比以前更長。好像我們越注重時間，時間就越少。我們有可能擴張時間，而不是縮短時間嗎？一般人總是橫向度量時間，如果我們改成縱向度量時間，或許可以找到多出來的時間。

根據惠普電腦的萊特（Vivian Wright）所述，縱向時間就是在一個特定的時間裡，你可使用的時間無限。如要理解這樣的時間觀，你不必是個禪學大師。試想，歡樂時光是否似箭飛逝？換句話說，縱向時間觀是將巨量壓縮在看似飛逝的時間裡。西方人習慣在橫向的時間觀裡加速前進，卻疏於練習如何縱向利用時間。因此當電腦越來越吸引人，越來越好用，或許我們可以學會一些縱向運用時間的方法。

善用你的遙遠

過去十年裡，空間因素也擬塑了企業、工業與經濟的樣貌。譬如，醫藥保健與教育爲美國預算大宗，以一九九五年爲例，醫藥保健預算爲四千五百億美元，教育預算爲三千四百五十億美元，社福預算與國防預算還落居第三、第四，但這兩個預算的使用狀況均不理想。就如同過去十年，美國的製造業必須痛苦求變，現在醫藥保健的支出也面臨變革，教育預算分配將緊隨其後改變，力求把「空間」這個障礙因素轉化成有利因素，讓預算的使用更有效益，成本更爲降低。

譬如醫療照護逐漸由醫院轉到病人家中。當美國全年醫療支出高達一兆美元時，保險公司實施了最高給付政策，也就是每一件醫療都有給付上限。最高給付改變了醫院的經營形態，以往醫院就像旅館一樣，追求住房率，現在他們迫不及待要病人返家療養，也讓醫藥保健預算分配由醫院逐漸移轉到家中。

以往，大醫院強調規模經濟，現在，越早讓病人出院越省錢。舊金山錫安山醫學中心（San Francisco's Mount Zion Medical Center）居家療養計畫主任李陀（Constance Little）說：「一般來說，病人居家療養，醫護人員約需出診十二到十四次，合計二千美元。這個價錢，還不夠你以前住院一天半的。」

正當醫院不斷進行合併或關門大吉時，居家醫療照護卻成爲美國成長最快速的醫療部門。根據美國居家照護協會（National Association for Home Care）估計，從一九六〇年到現在，居家看護的需求上升了十五倍，目前全美共有一萬五千名居家看護，距離本書第一次出版時，也足足成長了兩倍。

利用電腦與電傳視訊替病人診斷病情，或進行醫療會議的遠距醫療（telemedicine），可望提供更快、更好的醫療服務，尤其是針對住在郊區或行動不便的病人，診斷治療過程，醫生與病人可分處兩地。

聯邦政府投資了近億美元在遠距醫療研究，目前共有四十個州五十個研究計畫進行中，譬如肯薩斯大學在一九九四年，便執行了兩千一百一十次遠距醫療。遠距醫療可以縮短醫療時間，減少不必要的會診，估計每年至少可以省下八百億美元的醫療支出。

不過到目前爲止，遠距醫療經濟效益不彰，一方面是病人的病歷並未整合，經濟規模也太小。此外，很多人對電傳視訊有恐懼感，覺得非常沒有人味。況且，醫療保險（Medicare）與美國聯邦醫療補助制度（Mediaid）均未涵括遠距醫療費用。更麻煩的是，遠距醫療牽涉燙手的開業執照與醫療責任歸屬問題。如果一個醫生透過遠距醫療網路替一個相距僅百英尺遙的病人看病，只要是跨越州界，這位醫生就違反了醫師法，變成無照行醫。即使法律允許這位醫師跨州遠距醫療，一旦出了醫療糾紛，法律管轄權究竟是應以病人居住地爲準，還是醫生的診所爲準？

更嚴重的，遠距醫療就和線上金融交易一樣，剝奪了中間人的生存空間，也讓同業競爭更形激烈。不管我們看到的是缺點或優點，都不能否認遠距醫療消除了空間與時間因素，醫療行業再也不是以往的面貌。

不需要教室，不需要店面

教育也出現同樣的現象，以往人們到學校求知，學校不會搬回家中。換成商業用語，就是顧客必須去廠商處買貨。現在情況大不一樣了，遠距教學已經變成潮流。以前，遠距教學代表函授；現在，指的是電子媒體教學。根據美國遠距教學協會（United States Distance Learning Association）的主任波特威（Patrick Portway）表示，遠距教學佔錄影帶使用排行榜第一名。

一九九六年，福特汽車公司於六千兩百個經銷處架設了互動系統。以往他們寄錄影帶給經銷處，每隔一段時間召開分區經銷商會議，現在透過互動系統，隨時可以與經銷商討論銷售策略、顧客反應、新車系設計等。我曾到福特汽車公司開過研討會，發現他們的電子教學室非常好用，總裁海根洛克（Ed Hagenlocker）身在歐洲，不克前來開會，透過互動系統，卻可與身在底特律的員工進行討論。

過去美國聯邦航空管理局（Federal Aviation Administration）每年花費九千萬美元訓練兩萬五千名飛行員，訓練地點不外乎在各地的機場或旅館。未來五年內，美國聯邦航空管理局將把十分之四的訓練預算轉投資在遠距教學上，設立四百間遠距教學教室，可望在未來十年省下八千一百萬美元的訓練費用，加上以往到遠地教學，浪擲在交通上的寶貴時間，如果換算成金錢，也約值千萬美元。

許多大專院校仍拘泥於磚塊水泥教室的傳統教學，忽略了遠距教學的廣大市場。史丹福大學是個例外，它開辦了兩百五十個遠距教學工程學分，讓波音公司、惠普電腦公司員工，在上班地點就可以修學分。透過衛星、微波與其他媒體，史丹福大學的遠距教學甚至遠達歐洲。梭羅（Lester Thurow）正爲麻省理工學院規劃大陸市場的遠距教學，衡諸中國大陸人口衆多、幅員遼闊，美國大學要在這個市場發揮影響力，新的電傳視訊技術是唯一的可能通路。

最終，遠距教學會透過區域網路（local area network，LANs）與廣域網路（wide area networks, WANs），到達你的辦公桌，或者透過個人電腦、數據機與電纜，送抵學生的家裡。以往規模經濟裡所強調的辦公室、廠房規模等空間因素，現已被資訊網路消弭無形，只要靠電子網路連線，空間就不存在。當空間經濟學成形，人們不須聚在一處才能溝通，員工不必非到辦公室才能上班，顧客也不必上門才能買東西。

節節上升的成本改變了經濟活動的空間觀念，讓企業界重新思索配銷與服務的新通路，導致舊空間的變遷或消失，也讓新的、體積小的、資本密集或科技導向的產品應運而生，因爲這些產品不受空間限制，往往貼近消費者身邊。

消費金融（consumer banking）也是一個尋找到新空間的產品。一九九五年，花旗銀行宣佈，所有透過自動櫃員機、電話或電腦進行的金融交易，全部不收手續費。芝加哥第一銀行（First Chicago）也宣佈，櫃台作業或者打電話交代櫃員完成金融交易者，前者每一筆交易收費三美元，後者兩美元。雖然這兩家銀行策略不同，一家以胡蘿蔔利誘，一家用棍子懲罰，目的卻同是爲了降低營運成本。由於櫃台作業每一筆交易的成本是自動櫃員機的四倍（一點零七美元比零點二七美元），全美五萬二千家銀行分行，未來十年內將消失一半，自動櫃員機的數量則由十萬成長到二十萬。未被淘汰的分行，業務重心將移往放貸，或者銷售高經濟效益的商品如存款證明、保險業務或共同基金等。

存在但看不見的空間

上述商業形態與營業空間的改變，多半發生在「真實存在的空間裡」，譬如鄰近的診所、遠距教學教室或銀行分行。但過去十年裡，最重要的空間改變不但超乎想像，而且「不存在於真實的空間裡」，那就是由資訊科技塑造出來的、存乎使用者腦中的模控空間（cyberspace）。

「模控空間」一詞爲科幻小說家吉布森（William Gibson）所創。所謂的模控空間即是你打開收音機聽音樂、打電話，或在網路上與人對談時，你「所在的空間」。套一句《連線》（*Wired*）雜誌執行編輯凱利（Kevin Kelly）的話說：「模控空間就是純以邏輯運作、不含直覺成分的網路與人類的奇行異想相交會的地方。」模控空間是可以傳播現象的假想媒體電子以太，在模控空間裡，你雖無軀殼卻確切存在，並與他人有無限連結的可能性。模控空間是物質，也是空間；可是更精確地說，它是一種「非空間」、「非物質」。最有趣的一點，相較於傳統的資源有限，模控空間卻是無窮無盡，用得越多越好用。

模控空間也就是我們後來說的「虛擬實境」（virtual reality），虛擬實境的產品與服務是九○年代尾的「非物質」潮流。譬如飛行模擬器（flight simulator）就是一種高度虛擬實境的產品，以致飛行員認爲它比眞的飛機還好。達成電子商業功能的虛擬實境購物中心（virtual mall）是零售商的夢想，儘管它並不聳立在某塊空地上。商業界對虛擬實境狂熱非常，大談設計「虛擬組織」來經營生意，冀望它降低成本與管銷費用，掃除公司的組織困擾，但這是個比電子商業還要遙遠的美夢。

無物質世代

《量子管理》初出版時，虛擬實境產品還未成眞，我所討論的「非物質」還局限在電腦軟體與服務。迄今這十年間，資訊已經成爲最重要的「非物質」。過去，我們談「資料」（data）；未來，我們將側重「知識」（knowledge）。

資料就像房子的磚塊水泥，指的是數字、字句、聲音與影像，將這些資料做有意義的組合，就成了資訊（information），以前資訊個別存在，現在則以多媒體組合。知識則是將資訊變成可以賺錢的商品，讓「非物質」更有價值。譬如，聲音可以視做音符（資料），但是有意義的組合，就可以變成曲子（資訊），如果碰到好的編曲家與演奏家，它就變成了偉大的知識。又譬如每個月的信用卡帳單，只包含一些數字（資料），如果整合爲支出項目（如旅遊、娛樂），就可以幫助你有效地管理個人的支出。

每個經濟階段的核心技術是經濟成長的基石，譬如工業時代的核心即是工業技術，所有行業都必須工業化，連農業也不例外，大面積機械農工取代小自耕農。今日經濟的核心是資訊技術，所有行業都必須資訊化。所謂資訊化行業，是指一個行業在創造、處理、傳播與販售資訊上，創造利潤的速度遠超過銷售傳統商品與服務。這個現象在我與戴維森（Bill Davidson）合著的《放眼二〇二〇年》（*2020 Vision*）一書有詳細論述。

儘管傳統商品與服務所創造的利潤縮減，但其間所產製的資訊卻有無窮獲利空間。譬如美國航空公司（American Airlines）的沙布利訂位系統（SABRE）賺的錢比載客還多；福特汽車公司在提供消費者貸款上賺到的錢，比生產汽車、賣車還多；而瑪利雅特連鎖旅館（Marriot）靠加盟旅館合約賺錢，根本不必自己蓋旅館經營。

簡言之，聰明的產品與服務，比笨的產品與服務要好，**以知識做爲基礎的產品與服務將是下一個「無物質世代」的潮流**。但在進入那種時代之前，我們需要一些突破。所謂的以知識做基礎的產品，是將資訊運用在產品、服務上，它是一個過程。知識和資訊不同，知識會成長，是活的。到了二〇〇六年，知識化行業與資訊化行業將有極大不同，一如今日資訊與資料庫（database）的對比。不過現在我們只能感受到由資訊邁向知識的細微流動，但已足夠讓我們興奮萬分。

知識化產品與服務可以預知、尋找並滿足消費者的需求，譬如歐替斯（Otis）電梯可以預知何時故障，通知維修人員。又譬如，如果你曾要求一家連鎖旅館提供減敏枕頭，下次再到這家連鎖旅館的任何一家，他們就會自動提供減敏枕頭。「需要減敏枕頭」是顧客的個人資料，旅館自動提供減敏枕頭則是產出利益的行動，也就是知識化服務。想想看，可不可能有一天有人開發出一種「通靈比薩」，在你還沒有打電話訂購前十五分鐘就送達，否則退錢。

知識化服務會自動升級，也會因應環境改變而自動調整。而諸如機翼、防震建築、心臟監視器等的調節功能，由非線性動力學（Nonlinear dynamics）與混沌理論（chaos theory）扮演重要角色。熱水瓶可以保溫，也可以保冰，它怎麼知道？未來的產品與服務將越來越聰明，自動調適，還能夠自動過濾資訊，選擇它要的，然後付諸行動。

理論上，所有的產品與服務都可以升級到知識化。問問自己，根據我所描繪的特性，你的產品與服務是不是已達知識化？如果不是，有沒有改善空間？這是大勢所趨。廠商必須自問，一雙襪子、一樁質押貸款或者一個廚房流理台的知識價值在哪裡？

知識化產品準則運用得越多，你與你的產品都會越變越聰明。如果這個改變牽涉到上游廠商，就讓上游部分去變聰明。未來會有越來越多的產品強調記憶，每使用一次，它就自動學習。上一代的產品還必須透過輔助器材學習，未來的產品則無須複雜的程式設計，即可自我學習。

一次，銀行通知我信用卡帳戶有異常使用情形（同時間在不同城市購物，以及一天裡重複購買同一航線的機票），他們的系統可以查知我的使用狀況異常，讓我及早知道錯誤。對他們而言，不過是組合我的使用資料變成資訊，但是能在二十四小時內聯絡到我，更正錯誤，這就是「知識化」服務。

知識化服務或產品的生命週期很短，越變越聰明的調整，就像電影底片的一格又一格，儘管每一格都是制式不動的，但是連接起來，就是流動的畫面。到後來，不停的流動本身比一格格的底片還重要。知識貫穿於非物質的流動中，最後變成商品。如果一個廠商認爲，不止的流動本身就是產品服務，那麼他就是以處理服務的態度來對待商品。在工業時代裡，我們將服務當成商品，在資訊時代裡，知識化的商品呈現的就是服務。

歡迎來到大量定做的年代

知識化商品與服務針對不同的人，滿足不同的需求，導致了大量定做年代。大量定做是矛盾修辭，所謂矛盾修辭就是把兩個相互矛盾的觀念放在一起，譬如巨大的蝦米與人工智慧。如果你要了解大量定做的力量，必須先理解它背後的邏輯。互爲矛盾邏輯最早當然不是出現在商業；宗教裡的三位一體、政府部門的權力恐怖平衡、心理學裡的愛恨並存都是。如何讓相對的兩方並存，將矛盾視爲更高眞理的指標，關鍵在超越矛盾，而非爲矛盾所限。

經濟學和其他領域不同，要運用互爲矛盾邏輯，需要科技來操作矛盾。工業時代以前的科技不足應付，因爲當時的經濟規模小，產品單位成本過高；而工業社會則是以量產降低產品價格。產業界一直要等到目前的科技，才有辦法達成大量定做的理想，把針對個人需要而量身定做的產品，大量生產上市。

大量定做與日本人提倡的「不斷改進」概念有關，不斷改進是大量生產與大量定做的中間步驟。工業社會經濟的大量生產模式，讓消費者只能選擇便宜量產的制式規格產品，或者是高品質量身定做的產品，不可能兩者兼得。不斷改進階段顯示了消費者可以同時擁有低價、高品質的產品；到了大量定做階段，廠商可以大量生產滿足客戶個別需求的產品。

大量定做的觀念也適用於消費者與市場。當某個市場只有一種大量定做的產品時，市場也在尋找其他可以隨時調適，不斷適應不同消費者個別需求的產品。你必須自問兩個問題：在產品與市場間，你最想大量定做哪一個元素？在商品的價值鏈裡，你又最想大量定做哪一環？是設計、生產、銷售或者服務？最高原則是選擇最需要大量定做但變動最小的那一環。

其實十五年前就有了大量定做的觀念，技術也臻成熟，現正邁入成長期。不過當我們想到產業是指「做什麼」，而組織指涉的是「如何做」，就會知道，針對組織層面的大量定做觀念還在孕育階段，並未到達即時、成本低廉、顛撲不破的成熟期。這些都是企業的理想，但是管理組織技巧尚未成熟。

爲什麼我們已經擁抱了這些想法，但是組織成熟卻趕不上？現在是我們必須檢視經濟活動組織結構的時候了。

當組織跟不上變遷

商業界有許多人人奉行不違的箴言，認爲它們不言而喻、永恆不變，譬如要生存就要快速針對環境的改變而改變，否則就會被淘汰。另一個箴言是不同行業需要不同的組織管理，行業改變了，組織管理也要隨著變，否則就會產生落差。兩個「不言而喻」的箴言擺在一起，就是環境改變了，行業就跟著變，組織管理自然也要改變。這兩個箴言都對，結合在一起卻成致命錯誤。如果我們盲目地跟隨這些信念，就會有大麻煩。

外在環境，譬如科技、經濟、社會結構一日千里地改變，各行各業當然要加快腳步跟上，但是組織的變化沒法這麼快。當組織的緩慢變化跟不上行業講究的即時變化時，落差就產生了。

學界、管理顧問公司、新聞記者甚至智慧大師都因這個落差大發其財，更諷刺的是，組織更新也成爲一個行業。顧問公司以高價銷售組織更新計畫，你花下大筆金錢、時間與精力，企圖彌補產業與組織的落差，卻發現徒勞無功。

假設說一個組織更新計畫須耗時兩年，你在一九九六年找來顧問公司，針對當年的行業變遷做組織調整。兩年後，當組織更新完成，它變成非常適用一九九六年的情勢，但那時已經是一九九八年了，你的組織又老舊了，必須重來一次。再花錢找一家顧問公司嗎？

不對！這時你應該改變「箴言」了，放棄努力讓組織跟上腳步，換一個想法，那就是組織永遠跟不上變遷的腳步需要。

你會說，那要怎麼辦呢？我們必須清楚辨識：產業根據市場經濟規則運作，組織則是根據職場的社會、心理、政治原則運作。如果我們要產業與組織密無縫隙，就必須讓兩者都在同一種原則下運作。**未來十年的組織管理潮流，將以市場經濟原則爲主，放棄權力、位階等傳統運作原則**。

一如本書十年前寫就時的景況，今日的公司行號仍在強調企業家精神，忽略了「企業家精神」指的是金錢遊戲，管理卻是權力與地位的遊戲。直到現在，經濟現實與人心情緒仍是混淆不清。

每一個員工都知道，不管是產品研發或銷貨通路，他們都要幫公司賺錢。相反的，如果他升官，卻自然期待有鋪了地毯的大辦公室，因爲這代表地位提升所帶來的權力。同理，如果員工出差可以住麗晶酒店或四季飯店，他就不會降格去住汽車旅館。他爲什麼要替公司省錢？除非公司的組織管理也遵循市場規則。

十年回顧，我發現大部分的企業都接受了我對未來行業的預測，可是卻看不到新的組織管理箴言付諸實行。我在本書剛出版時曾預見這種落差，因爲宇宙的改變導致科學改變，科技與行業的改變緊跟其後，最後才是組織的變化，現在我們終於抵達演化進程的最後一環。未來的世代裡，我們將看到許多新的組織管理學強調即時。一如產業改變，即時的組織管理可以跨越時間，在無物質的空間裡大量定做。

一個小故事

十年修訂版序論最後一段，我想講個小故事。我在本書初版曾提過我遇見一位非常「特殊的經理人才」（見第228頁），當時完全無法預知，數年後，這位先生會變成金融史上最大的騙子，眞是「特殊」的很。

這個人就是阿格・哈山・阿比地（Agha Hasan Abedi），當時他是國際信貸銀行（Bank of Credit & Commerce International）的總裁。那時國際信貸銀行在經濟鉅子與政治領袖心目中地位非常崇高，一九九一年卻爆發了史上最大樁的銀行舞弊，光是阿拉伯聯合大公國的領導人就損失了兩億美元，數以千計的人喪失了終身的積蓄。

倫敦《金融時報》（*Financial Times*）形容他爲「忝顏無恥、令人心驚肉跳的騙子」，《華爾街日報》則在一九九五年的訃文形容他爲「全球罪犯，以世界金融系統作爲掠奪財物的所在」。所以當《金融時報》在一九九一年十一月一日刊載了阿比地的一封信，信上提到他向銀行總經理的兒子闡述，他的哲學受到「史丹利・戴維斯教授的影響」時，我有多麼的惶恐。

此一國際信貸銀行事件讓我覺得，觀念的力量可以爲善也可以爲惡。一個誤入歧途的遠見者雖可看到遙遠的未來，卻大大偏離了正途。除了這椿意外，我很高興《量子管理》一書所揭櫫的「任何時間」、「任何地點」、「無物質」與「大量定做」等觀念，能夠紮實生根，在世界經濟體系裡開花結果。

注釋

❶由於本書大部分的例子至今依然適用，所以十年再版，我更動得很少。但是如果今昔對比，特別能彰顯本書立論者，我會用黑底方式加註（如❶），本書原版即有的註解，則以白底方式（如①）表示。

1

後果

組織落在演進的最後一環

我們對宇宙本質的興趣，引發了科學研究。

科學研究催生新科技。

新科技再用來製造產品與服務。

產品與服務的內容，則決定企業的組織與管理。

管理，落在演進的最後一環。因此，

對於時間、空間與物質，我們要有新的思考角度。

「你還有什麼事要告訴我嗎？」
「那晚，狗很奇怪。」
「那隻狗什麼事也沒做。」
「這就是奇怪之處，」福爾摩斯說。

柯南．道爾

年輕時，我怕死了科學，也覺得科技十分乏味。在我拿到文科學位前，只修了少數必要的科學學分。十年後邁入中年，發生了奇妙的事，我發現自己大量閱讀科學科技報導，一反年輕時刻意迴避的態度。我不知道原因何在，不過我告訴自己：「沒關係，繼續閱讀這些東西，或許我會找到答案。」

果然，日久我就發現原因何在！當時我的工作是組織管理，尤其側重組織結構。我熱愛這份工作，做久了，卻不免覺得乏味。這個行業乍看理論多多，實則新意缺缺。我常問同事：「研究組織結構，哪些問題最重要？」儘管這些同事聰明又有趣，可是一次又一次，我發現他們的回答狹隘又單調。我們忙著研究積塵的角落與罅隙，毫無大膽創建的豪氣，可是物理界與生物學界卻大不相同，他們經常直指基本結構，提出大膽與興奮的問題。

根據字典，「結構」的定義是：局部與整體之間的交互關係。這個定義適用於物理，也適用於管理，適用於原子，也適用於組織與宇宙。物理學家說的結構，是指一束束可能交互作用的能量。如果我們將組織，譬如人、科技及其他資源，視爲一束束可能交互作用的能量，結果會如何？此類思考，需要全新的語言，而非仰賴公司組織圖表上的線條與方框。

那時我正爲花旗公司（Citicorp）設計十年發展策略。美國公司與日本、歐洲公司不同，十年就代表長程了。這個案子讓我有機會研究經濟轉型的原因、結果與未來。

這兩個毫不相干的機會——閱讀科學報導、研究公司長程發展策略，結合在一起，激發了本書的誕生。我從未想過可以從科學、科技、產業、組織與哲學面向探索新經濟，本書寫畢，連我自己都大吃一驚。現在就看新的科學科技理論架構，如何爲組織產業的新模型探路。

科技發展一日千里，許多發展挑戰我們既有的認知。譬如電腦模仿人腦的邏輯思惟處理資訊，語音電腦可以有兩萬個字彙，微小的機器遊走於染色體上做基因解碼。有的產品僅有數個原子的厚度，有售價便宜的產品採用超導體，導電功能奇佳，一點能源都不浪費。市場追不上科技的日新月異，而組織的進步則更緩慢。

科技是個概念橋樑，連接了科學原則與經濟社會，進而影響組織運作。難怪物理學大師牛頓先誕生，而後才有經濟學大師亞當·史密斯（Adam Smith），據此才有福特汽車的生產線。而史龍（Alfred Sloan）的組織結構論發展得最晚，則毫不出奇。任何一種市場經濟都依循上述的演進步驟：對宇宙基本性質的興趣，引發了科學研究，催生了新科技，科技再運用來製造產品與服務，產品與服務的內容則決定了組織結構。

宇宙→科學→科技→產業→組織

管理階層的最大困境是組織落在演進的最後一環，要在經濟模式發展得非常成熟，組織的演進才有可能跟進。當新經濟逐漸成形，各行各業卻仍因循適用於舊經濟時代的組織模型，趕不上當前的需要。

史龍是在一九二〇年代任職通用汽車期間，提出了工業組織的基本模型，那就是決策與財務中央集權化，作業系統分權化。這時距離英國掀起工業革命已經一百六十年了，美國也從農業社會跨入工業社會六十年了。換句話說，史龍的組織模型概念是在工業社會接近尾聲時才提出。

三十或四十年後，我們將邁入後工業時代，但全美國各行各業仍奉史龍的組織結構論爲圭臬。難怪美國經濟日走下坡，因爲我們的管理模式並不適用於產業內容。

我常用上面這個「九點圖」來訓練人們開發思惟新模式，如何只用四條或更少的直線，將九個點連起來。就像（章首）福爾摩斯注意到夜裡狗不曾吠，解謎的重點在如何用新角度來看這九個點。這個測驗有多種答案，最常見的是章末那種。

另一個答案是：如果在第一條點線與第二條點線的等距處對折，再在第二條點線與第三條點線等距處對折，那麼所有的點都會碰在一起，一條線就把它們全連起來了。第三個方法是用一把大刷子，一刷就把所有的點都蓋住了。第四個方法需用到非歐幾何（non-Euclidian geometry），那就是兩條平行線在無限遠處交會，所以沿著一排點畫出一條線到無限遠，再轉彎到第二排點，畫到無限遠再彎回第三排點。第五個方法是橫拿這張紙，眼睛平視紙邊，這時所有的點就都同在一條線上。

這個測驗曾讓無數參加主管研習營的人受挫，可是拿給我十七歲的兒子做，他說：「不要在點上畫直線，爲什麼不轉動紙張，讓所有的點都經過一條線？」[1]

故事的重點是：如果我們受限於九個點所設下的疆域，我們將永遠找不到答案。我們必須建立新脈絡，從中尋求新答案。

通常，眞知灼見是新模式之母，再演進爲技術，爾後變成尋常知識，日久，成了老生常談，不再跟得上時代，我們得再尋求另一種眞知灼見。工業時代裡的眞知灼見，循此發展走到了盡頭，現在我們必須爲新經濟時代尋求新的組織模式。

我們是先對宇宙的運作有了科學、科技性認知，從而產生新模式。本書旨在探索，在明日產業、組織結構成形的過程裡，時間、空間與物質扮演了何種新意義。工業時代裡，管理階層視空間、時間與物質爲障礙因素；但在新經濟時代裡，它們將被視爲資源。要邁入那種境界，我們需對時間、空間與物質有嶄新的想法。一如從牛頓的機械論，邁到愛因斯坦的整體論（holistic）後，我們對空間、時間與物質都有了新的認識；這些新認識將影響組織管理學，將它由工業時代的想法提升到全新的境界。

一九八〇年代才踏入社會的年輕人，到了下一個世紀，將變成中級主管，在接下來的十年裡，他們將是產業的中堅力量，亟需未來世界所需的新視野。我們這群中年人傳承給他們的，豈能是老式經濟社會遺留下的模式？我們欠他們的，不止這些。

我們亟需新的管理理論以解釋未來產業，並加速我們現已目睹卻難以全盤了解的變化。工業時代裡的模式，只能幫助我們處理善後——即收拾已發生之事的後果。新的經濟時代裡，我們必須學會搶得先機，在事件尚未發生前，即知它可能有的後果。也就是以「未來完成式」的思惟來管理組織。到了二〇〇一年，新經濟已臻成熟，我們將看到管理學整體論的廣為運用，並訝異，以往的時代管理策略怎麼可能是另一種樣子。

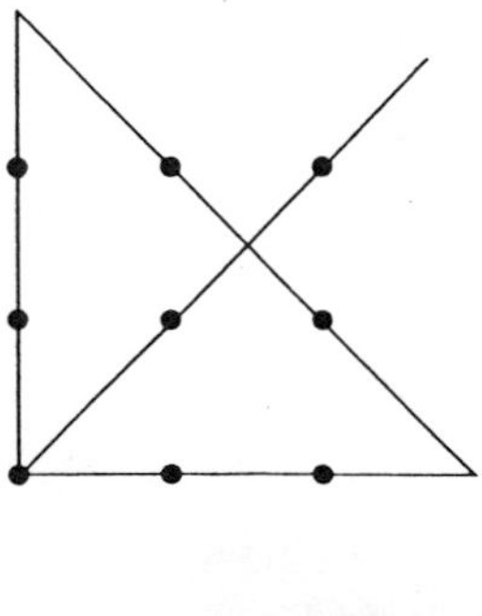

注釋

❶只用兩條直線連起所有的點，最困難。一次我在巴塞隆納演講，一位荷蘭人提供了兩條線連起所有的點的正解，他說，這個問題實在令他困擾，非得先把答案給我，才能專心聽講。用兩條直線連起所有點的祕方是用三度空間思考，捲起四角上的點，讓它們集中於一點，形成一個南極，與中間一點形成的北極對立。想像順著兩極畫出兩條圓圈，每一個圓圈可以連起餘下的兩點。這樣，只要兩條線就可以連起九個點。

2

未來完成式的策略

任何時間

列寧和毛澤東還沒有攀登權力高峰，
還被當權派打壓時，就知道他們的革命已經成功。
不管剩下的工程有多大，代價有多高，他們要
一步步讓別人接受革命已經來臨且成功的事實。
這就是未來完成式的策略。

「這個時代的最大困擾是，未來不再是我們習於想像的那種面貌。」

法國象徵派詩人保羅・梵樂希（Paul Valery）

目前，我們所能證明的最小時間單位，是一的負四十三次方秒（也就是零點0000000000000000000000000000000000000000001秒），亦即人類已知最小的次原子的壽命。時間光譜上的另一端，也就是已知最長的時間，乃宇宙「大霹靂」（big bang）至今的歷史，約兩百億年。太陽系的歷史大約是五十億年，地球上最早的生物距今約三十億年，人類這個物種存在於地球，不過兩百萬年而已。

商業界經常只有狹隘的時間觀，譬如公司行號頂多屹立數百年，個人事業僅幾十年，而產品的生命週期，往往不過數年。會計帳一月一計，上班時間朝九晚五，休息時間十五分鐘，按鍵式電話可以節省七秒鐘撥電話時間，雷射以十億分之幾秒計算速度。

時間是測量工具，也界定了存在。但是這種測量工具實是一種文化產物，譬如年曆就武斷告訴你：一年開始了，一年有多長，一年應當分爲幾季幾月幾週。世界上有多種曆算，包括中國黃曆、新曆、希伯萊曆、印度曆、羅馬儒略曆、羅馬曆等。現今我們習用的新曆其實是在一七五二年才被採用。

科學家曾做過一個實驗，讓人生活於深穴中，實驗發現人的「生理一天」其實是二十四小時半。如果一個人不壓抑自己的生理時鐘，以順應人人採用的時間觀，不多久，就會時間表大亂。換言之，不論是商界經理或天文學家，測量時間的方式都揭露了我們觀看世界的方法與價值標準。

二十世紀初，美國效率專家泰勒（Frederick W. Taylor）發明了「時間管理」觀念。在工業社會的時間模型觀裡，工人日復一日從事乏味工作，今天與明天沒有差別。這個模型認爲時間週而復始，不過是事件的無盡反覆。因此，怠工者高喊「感謝上帝，今天是星期五了」；但只剩兩個小時可以趕報告的公司主管，卻感覺自己在時間恆河裡靜止不動，自己並未快步迎向未來，「未來」卻撲面而來。《未來的衝擊》一書作者托佛勒（Alvin Toffler）的比喻最幽默，他說：「所謂未來的衝擊，就是未來提前到來所導致的暈頭轉向。」那些忙著準備下週會議、規劃下季產品的經理人，把時間當成單行道，我們只能向未來前進，卻不是未來逼近我們。

隨時滿足消費者

工業時代裡的時間模型大多是企業觀點，側重內部重新定位與行動。像「朝九晚五不過是一再重複」的時間觀，就是工業時代的廠商觀點，而不是後工業時代的消費者觀點。一旦眼光由內往外調整，對時間的感覺會完全不一樣。

有一次，一位主管人員說：「在決定購買之前，消費者使用的是我們的時間；決定後，輪到我們在使用他的時間，所以我們必須盡速送貨。」關鍵在於，從認知了顧客需求到滿足顧客需求間的時間落差，應當如何縮短。

日本松下電器在五年內，將生產冰箱的平均時間由三百六十小時縮爲不到三小時。一九七〇年代尾，豐田汽車發現，一輛車子的經銷費用與時間，還超過製造車子的時間與經費，因此吃下了經銷商。現在顧客下單，一天內就可以提車。

史特勞特斯電腦公司（Stratus）出品的電腦主機，零件壞了，備份會自動運作，傳出訊號給史特勞特斯電腦公司的工廠。在消費者還未察覺電腦出岔時，聯邦快遞已經將新的備份送到他的府上。

現在已有上千種服務，不管是配眼鏡或者沖印底片，顧客的等待時間都由數天減至數小時。從產品概念成形到上市，每一個產業都可以縮短各環節的時間，通常藉由改善效率，可以節約百分之二十左右的時間，但要大幅提升至百分之五十甚或百分之一百以上，生產、配銷、送貨系統必須全盤更改。

最徹底的改善當然是「零等待時間」。顧客有需要，馬上送到手中，不用等到明天上班或過完週末，或者等待下一個行銷代表有空時再處理，而是即時、任何時間都可以滿足顧客。

即時的重點不在傳統的提升速度，而是產品與服務的概念還在成形階段，即能以眨眼的速度提供給消費者。換言之，即產品研究、開發、製造與消費同時間發生。這就是產品的整體論概念。

科技是產業晉升至「即時」境界的本錢，高科技產業或服務比低科技產業更傾向在即時的基礎上運作。譬如矽谷裡的公司，在上一代工作站產品配銷出去時，就已經在研發第二代工作站，我們很難想像生產烤麵包機也須如此。股票經紀人善用資訊科技，一週內就可以組合產品上市。保險業則對新科技反應遲鈍，往往無法如此快速推出新保險商品。

不管何種產業，只要能在即時基礎上製造產品與配銷，即使是處在變動最爲緩慢的產業，也可以讓公司「快速動起來」。

譬如，大部分旅館退房時間是下午一點，登記住房時間是下午三點，那是假設清理房間需要兩個小時。事實上，一有客人退房，旅館清潔人員就開始打掃房間，所以是整天都在打掃，那兩個小時其實是旅館自認爲不可或缺。

試想，如果有一家連鎖旅館將退房、登記住房的空檔時間縮減爲一小時，再縮減爲零，打掃房間採即時運作，然後打出廣告：「任何時間都可以登記住房與退房，我們與其他旅館不同，我們以客人的時間表爲尊。」這就和租車業一樣，任何時間都提供服務，以二十四小時做基本收費單位，照租用天數收費。就技術層面來說，旅館業沒道理無法同理運作，只需要改變思考模式，將時間當作資源，而不是束縛。

原則如下：

‧消費者需要你任何時間都可以提供產品或服務。（亦即以消費者的時間觀做參考架構，而非廠商的時間觀）

．廠商如果可以即時提供產品或服務，將以決定性優勢領先對手。

．在即時的基礎上運作，就是在認知消費者需求與滿足消費者需求之間，沒有任何空檔。

以金融服務而言，一個世紀以前，金融交易時間意指銀行上班時間，即九點到兩點。到了一九八〇年代，拜自動櫃員機之賜，銀行可以提供全天候服務，我們也不需要站在長長的隊伍裡，等著行員查驗身分證明，才能兌現一張支票。現在只要將信用卡插進刷卡機，萬事達卡（MasterCard）的電信系統可以在兩秒鐘內爲你完成一筆美國境內交易；海外刷卡，連線時間也只需要十一秒。

即時金融服務對銀行也有利，可以減少票據交換時間。所謂票據交換時間，是指一個顧客從塡寫一張支票，到支票兌現、票據交換及從帳戶扣除金額的時間。傳統上，票據交換時間至少數天，甚至一個禮拜，這段時間內，開票客戶那筆帳款仍在戶頭內孳息。交易越快速，開票者越不可能利用票據交換時間孳息。數十億美元的票據交換孳息至少數百萬美元。

因此在「任何時間」、「任何地點」、「無物質」的新經濟時代裡，轉帳卡（debit card）將取代信用卡，當超市收銀機打出你的收據時，就自動自你的銀行戶頭扣款，轉帳至店家的戶頭。這種轉帳系統也適用於大公司，根據一家大銀行估計，使用電子收帳系統，只要十二秒即可完成一筆付帳。

爲了增強競爭力，銀行鼓勵客戶盡量使用電子金融交易系統，花旗公司在這方面最成功，它的兩大商品「未來城市」(Citi of Tomorrow)與企業電子融資(Global Electronic Banking)廣告，讓「時間就是金錢」這句古諺增添新意。下面就是一則典型的廣告：

> 一艘遠東貨輪通過蘇彝士運河前必須付費，如果抵達後才付費，它必須停在運河等待，每日浪費一千六百美元，直到銀行匯款抵達爲止。另一種選擇：在貨輪抵達運河前八或九天就付費，但是損失票據交換時間可賺取的利息。
>
> 解決方案：遠東貨輪可以電傳花旗銀行紐約分行，把通關費轉帳至花旗銀行塞德港分行，貨輪當場放行。

套利是另一種即時運作的金融活動，主要是利用兩地價差賺錢。套利行爲之發生，必須同時追蹤、交易股票期貨，以及包含該股票期貨標的公司之股票指數。就目前來說，套利必須同時使用數部電腦，追蹤六個左右的市場，逢低買進再逢高賣出。如果股票行情顯示也像期貨與現貨市場一樣，能夠即時運作，那麼理論上，小投資人也可以套利。套利行爲能夠產生，是因爲時間被當作資源來運作，一如套利需要運用資訊一樣。

金錢就是時間

在工業時代的經濟模型裡，「時間就是金錢」的古諺，把金錢當作不應浪費的資源；時間則被當成指標，用來衡量你是否聰明地使用金錢。新經濟模型的原則完全顛倒過來——「金錢就是時間」，時間是重要資源，金錢則是你用來測量是否妥適利用時間的方法。已退休的花旗公司董事長雷斯頓（Walter Wriston）說，金融不再意指金錢，而是資訊的「時間價值」，也正是此意。

產品從概念成形到上市販賣同時發生，是理論上的極限。但一個產業只要能做到把認知消費者的需求到滿足消費者需求之間的時間落差縮短，就取得競爭優勢。當然，不是所有強調即時的做法，都能同時擁有價格優勢，但是結合了產品的價格等級、品質與服務，將順利為產品取得絕對優勢的市場區位。

速度到底可以多快，和下列條件息息相關：產業性質為何？想要改善哪種功能？在什麼樣的經濟系統裡運作？測量時間的單位是什麼？管理階層應當評估附加價值鏈（研究、發展、生產、配銷、銷售）上每一點所需的時間，衡量如何壓縮時間才能得到最大的附加價值。同樣的產品、相同售價，如果你比對手省時百分之二十，就佔有極大優勢。

不同產業有不同的時間單位標準，譬如多久可以拼裝一輛車？蓋一棟房子或做一件衣服又要多少時間？又譬如，囿於時間損失與成本壓力，以往製造業的生產線品管都採隨機抽檢，現在改用儀器品檢，每一件產品在產製完成的同時，也完成品檢，機器不會疲勞、厭倦、注意力不集中，也不會對產品良窳有主觀判斷。

車禍發生後，多久可以獲得理賠？一件質押貸款，需要多少天鑑價？五天？十天還是二十天？如果銀行無法依期撥款，它會負責鑑價費用嗎？最令人著惱的莫過某些售後服務，說好哪一天前來，卻不能告訴你確切時間，讓顧客必須把整天空出來枯等。大部分的消費者實在無法浪費一整天時間在這種無法提供即時服務的公司上。

時間的單位也隨著經濟體系而變。在農業經濟時代，產製任何東西都相當費時，生產數量少，又是針對顧客個別需要定做，因此縮短產製時間也未必能大幅降低售價。農業經濟社會與工業社會比起來，時間的單位相對長得多。

反觀，工業時代的生產線大量產製相同規模的商品，產品售價也因而降低。又因爲調整生產線既耗時又昂貴，因此改變越少越好；一有改變就可能減低效率、造成損失。一九二〇年代，汽車製造業每年推出新車款，在當時可說是一大創新。

時間單位也牽涉到從概念成形到上市之間的時間差。現在每年推出新車款可稱不上創新，重要的是從創意到上市需要多少時間。一輛底特律製造的車，設計一個新款煙灰缸，可能需要幾年的設計與規劃；但是證券業，一個新產品從規劃到上市，可能只需幾個禮拜。

構想即行動

最終邏輯在讓落差降到零。在一個「零誤時」的時代，構想就是行動。未來型公司會盡量減少員工操作機器的時間，譬如用不需以身體接觸的「聲音啓動」甚至「眼睛啓動」，來取代需要用身體接觸的「按鍵啓動」機器。蘋果電腦發明滑鼠，或許我們可以稱未來這些不需用身體接觸才能操作的方式爲以「鼠眼」操作。不消幾年，這些產品就會廣被使用。❶

早年的未來學者寫作有關「思想警察」的小說時，擔心高科技的負面作用。但從好的一面看，新發明可以在一夜之間帶動新行業產生，創造無數企業家；又譬如產品的市場反應，現在可以當場測知，像尼爾遜電視收視調查。對未來那些以知識做爲產業基礎的人而言，構想就是行動。

新技術也可以立即改變生產規格，無需讓機器停工調整，譬如「電腦輔助設計／生產」(CAD／CAM) 就是一套很有力的設計。以往，生產超大的五十四號或小型的八號衣服，根本不上算，因爲買的人太少，卻必須讓機器停工，重新調整規格。現在利用電腦控制雷射剪裁，可以在極短的時間裡改換規格，製造任何尺碼的衣服。不必讓機器停工重來，毫不浪費時間，也不會增加成本，卻能滿足市場各種消費者需求。這就是我們所謂的彈性生產系統。

加納特公司 (Gannett Company) 印製《今日美國報》(*U. S. A. Today*)，就採用了「構想即行動」的觀念。報紙的時間空檔是截稿與付印間的時間，兩者越接近，越有可能容納截稿後消息，增加新聞競爭力。美國的早報通常是晚間十一時截稿，清晨一點印出第一批報紙。加納特公司卻將截稿時間延至清晨兩點，出報時間爲三點，讓《今日美國報》取得領先。

「構想即行動」在電腦軟體設計業最明顯。在這個行業裡，根本不須製造者，設計可以直接變成產品，設計者只要按鍵，就可以複製軟體。任何電腦駭客或盜版業者都知道，只需一台個人電腦，就可以完成軟體複製。

「電腦輔助謄寫」(Computer Aided Transcription、CAT) 也是新經濟時代「即時觀念」

的產品。美國法庭是在一九一〇年採用速記打字機，一直到一九八六年前都沒什麼改變。直到芝加哥、底特律、鳳凰城的法庭開始採用「電腦輔助謄寫系統」，開庭時，評審團、辯護律師面前都有一個IBM PC XT電腦螢幕，速記員在一個二十二鍵的鍵盤上，用音標速記法記錄庭上的辯論內容，電腦就會自動將這些速記轉化成完整的英文句子，顯現在電腦螢幕上，全部動作都「即時完成」。美國法庭審理案子，證詞常多達數千頁，「電腦輔助謄寫系統」使速度加快不少。

一九六四年，百分之八十的電腦製造成本花在硬體上，軟體僅佔百分之二十；現在，比例正好相反。❷硬體生產自動化，軟體成本上升了四倍，大部分集中投資在軟體設計人才與機器；但是一旦設計完成，幾乎不必經過生產線，就可以直接上市。因此，軟體生產與軟體開發或硬體生產的最大不同，在於它的成本完全不會增加。

「即時」就是對「輸入」做快速反應，快到甚至可以主導過程，影響下一個「輸入」。因爲如果A與B連在一起，對A的輸入反應勢必同時改變B。比較早期的科技，A與B的反應有落差，後來電子學將我們推進「幾近即時」的境界；未來，光子將會帶領我們進入「完全即時」。

縮短策略與組織之間的時間差

儘管今日科技在「即時」運作，但組織卻未必。我們所極力避免的「輸入」與「輸出」時間差，經常發生在產業與組織的間隙裡，強調策略的產業尤然，因爲策略講究把時間當資源，預見未來發展，改變現在，以求更具競爭力。

古諺「做之前，必須先知道自己想做什麼」，包含了策略與組織的定義——知道要做什麼（策略）、如何去做（組織）。策略計畫未來如何生存，組織則應付日復一日的運作，兩者之間的關係，就如球隊、公司、軍隊或國家，組織要能充分實現策略才行。好策略碰到壞組織，就如純種馬沒有騎師、訓練師、馬廄與馬場。理論上，策略先於組織，兩者須密合。事實卻往往不是如此。

工業時代裡，**組織總是在策略後面蹣跚而行**。由於大家認定「在明日怎麼做之前，必須先明白自己要做什麼」，因而工業時代的組織模型，現在只適合被淘汰的產業或夕陽產業，眞是可悲！

在工業社會裡，最大的弱點是沒有任何一種組織可以完全與時間同步，也沒有任何一種組織可以完全實踐目標，總是先有產業的使命、目標、策略，而後才有組織產生。從計畫擬定到實施間的落差，就是策略與組織間的落差。組織應當要比「趕上現狀」更有效率才行，否則就陷入了當組織蹣跚趕上「現狀」，「現狀」卻早已不存在那裡的矛盾。策略應著重於未來，如果管理不良，策略就會植根於現狀，甚至過去。

遊戲規則是盡量縮減策略與組織的時間差，越短越有效率。組織要如何執行策略？它的行動要如何由「現在」抓住「未來」，而非蹣跚趕上「已成爲過去式的現在」？此處所言，當然是傳統觀念的過去、現在、未來。**新經濟時代裡，執行策略的祕訣在於改變時間觀念，相當於由牛頓式的絕對時間觀，轉化到愛因斯坦式的相對時間觀。**

工業社會管理階層的時間觀，是將「現在的組織」當作「邁入未來」，朝向目標的工具。乍看之下，似乎有理：「這是我們僅有的組織，否則我們要用什麼組織？」新經濟的思惟架構裡，領導人是站在另一種時間點上運作，那就是如果要從這裡（目前的組織結構）抵達那裡（策略的目標），最好的方法是從「已經抵達那裡」開始。聽起來有點奇怪，對不對？

我們必須用現象學與語意學來解釋這種時間觀。此處，我借用密德（George Herbert Mead）、愛波特（Gordon Allport）、史金納（B. F. Skinner）、舒茲（A. Schutz）與韋克（Karl Weick）等社會心理學家與哲學家的論述。韋克認爲「一個行動只有在發生後，才能爲人注意，人們不會注意發生中的行動」。假設如此，我們怎麼知道執行決策的組織與人，是否眞的完全遵策略而行？韋克說：「儘管策略看似朝向未來，事實上，它也被貫徹實踐了……，擬定策略的人看到的是策略的結果，而不是達成策略的各個行動。」這句話的意思是：「管理階層先預見策略的結果，然後才是達成策略的各個步驟。」

在韋克的《組織的社會心理學》（*The Social Psychology of Organizing*）一書中，舒茲解

釋這種時間觀爲：

這個行動者預見行動的結果，彷若行動已經完成，成爲過去式……奇怪的是，由於預見它已完成，所以計劃中的行動有一種「過去式」的特徵……因爲它同時具有過去式與未來式的特質，所以可以說行動者是以「未來完成式」的方式思考。③

以「未來完成式」的時態思考策略

執行策略必須用「未來完成式」思考。在這種時間觀裡，「現在」是「未來的過去」，而組織可以推動策略，而不是在策略後面苦苦追趕。

其實，有冒險精神的企業家經常如是思考。最近我才爲一家因組織龐大而逐漸老化的公司把脈，這家公司成立於本世紀初，創建人是一個偉大的企業家，與今日該公司管理階層的策略觀相比，即可看出明顯差異：創建人是先有行動，才有策略，儘管我們今天可以清楚分析他的策略，但他自己當時可沒有這麼有頭緒。他是著名的行動派、偉大的遠見者，創建了那個時代該行業最大的公司。後繼的經理人則倒過來，相信「有策略才有行動」，養成了顢頇龐大的官僚機器，最後不可避免走上被購併的命運。一般經理人的觀念裡，策略是因行動是果。創業家則相反。

對於那些行動導致策略的人而言，策略不過是事後追認已發生的事實。從這個角度來看，策略發生於過去而非未來。而一般工業經濟模式認爲這樣做是把策略導向未來。

問題是，如果策略只是在追認已發生的事實，那就成了創新的大敵。所以，著重創新的組織，不能把策略視爲規則，而要視之爲一種直覺。

不過，直覺式策略並非全然出自主司創造的右半腦，而與司分析的左半腦無關。根據科學家對西洋棋大師的研究，發現大師們看似「直覺」的行動，其實是習慣性的行動已深植內心，一如語言模式已內化我們心中。因此，即時管理就是策略目標已深植於內心，讓執行策略的動作能像直覺般流暢發生。

過去數十年間，策略規劃是高階經理人員十分重視的商業機能。這種機能把時間納爲建構模型的基本要素。

當新經濟體系剛萌芽時，策略規劃還在襁褓的階段。所謂策略規劃，只不過是由過去的軌跡，外推未來的可能。隨著這個領域日益成熟，便採用了不同的途徑以預測未來。藉由這些工具，我們可以更清楚地描繪策略：「這就是我們公司未來的面貌。」也因此，內演法（interpolation）取代了外推法（extrapolation），變成：「如果我們公司今天是如此，未來若干年內，我們希望公司是那樣。那麼我們可以知道，爲了達成新貌，必須採取哪些改變。」

甘尼（Harold Geneen）在《管理學》（*Managing*）一書提出相似的概念：「三句話可以概括企管的內容：閱讀一本書是從開頭讀到結尾。管理企業正好相反。你先想結果，然後盡力達成那個結果。」④策略規劃已能做到如此，但是策略執行必須再加上兩個面向：策略控制與組織策略。

策略控制揉合了「策略的規劃」與「功能的控制」。大部分的策略規劃設定一個組織在多少年以後要成爲那樣，較好的策略規劃會經常檢驗這個「多少年」正不正確。「功能的控制」則是偵測過去：我們已經達成什麼成果？是否已做了原先想做的？所以，策略控制不僅檢測過去，也追蹤未來，它不斷追查這個「未來」是否發生變化，當它越來越接近未來時，目標也不斷伴隨現狀的改變而日日更新。這有點像飛彈的追蹤系統，可以算出飛機閃躲的路線，調整自己的路線，迎頭攔截痛擊。所以當你聽到美林公司（Merrill Lynch）買下一家房地產公司，旋即又脫手，與其把它解釋爲錯誤投資，不如視爲是美林公司因應未來，重新部署。這就是策略控制。

組織策略是另一種管理階層必備工具，還記得工業模型的體系邏輯嗎——組織一定落在策略後面。當策略控制逐漸變成內演法，組織規劃卻仍停留在外推法的層次：

過去十年，我們的銷售成長爲百分之X，而同時間的員工成長比率爲銷售成長的百分之八十。假設我們到X年的規模爲可達到什麼，所以我們必須在X年內，增雇X人。

規劃未來組織必須像策略規劃一樣，採用內演法，詳列出所有適用於未來組織的要件，譬如：

衡諸我們將來的產業形態，最適合它的組織、系統、人才與公司價值在哪裡？與現存的又有何不同？達成目標，必須採取何種必要步驟？

企業的未來策略，需要在組織有相對應的未來規劃。儘管，尚未實現的組織和尚未實現的策略，地位是相當的。

時間是資源而非束縛

這些理論聽起來都很棒，爲何卻不存在於現實狀況裡？那是因爲人們固執於將時間當作束縛，而非資源。另一方面，懂得找出問題的人，通常也自詡是問題解決者，弔詭的是他們經常宣稱問題太大，不能全盤解決，只能局部減輕症狀。

譬如許多人奉獻一生掃除毒品、官僚、犯罪、疾病等社會問題，他們的共同想法是這些社會問題太大，想要完全掃蕩，根本就是荒謬可笑。如果你開始直指問題核心，就會被視爲顛覆、危險。一點也不錯，你會顛覆掉那些「問題解決者」的事業，因爲問題如果獲得徹底解決，就不再需要「問題解決者」。犯罪率下降到什麼程度，執法者就會失業？多少人找到工作，不再坐領失業救濟金，就會讓社工人員失業？

如果說醫生或人事管理這兩個行業無法徹底解決問題，只能減輕病症，那是因爲他們不懂得「即時」運作的原理。

現代醫療的重心擺在疾病治療，大批的人力、物力、時間與金錢投注在發展「治療醫學」，而非「預防醫學」上，這也是爲什麼醫生都熟知疾病，卻對保健十分陌生。事實上，我們對健康的定義就是「沒病」，這就和做生意只力求「免於負債」，而不是追求損益平衡及賺錢一樣好笑。今天，如果有人可以重新定義健康，就可以徹底改變醫療概念。要做到這點，必須將時間當作資源。

公司的人事管理部門也面臨同樣的問題。一位在《財星雜誌》五百大公司任職的資深副總裁說：

公司的人事管理部可說是一個公司的良知，他們可以說：國王的新衣就是裸體；他們可以戮破吹牛的人；他們可以說出眞相。在雙方僵持不下時，他們可以支持對的一方。他們做這些事都會得到支持，免於譴責。因爲雖然他們未必承認，他們與公司簽下的是一紙永遠贏不了的無形合約。

如果人事管理部門換個角度思考自己的角色，將如何改變別人的行爲？人事部門的職權之一是負責獎懲，而多數獎懲制度的運作原理是「打破現狀」，做得比現況好就得到更多，譬如薪水；做得不好就予以剝奪，譬如裁員或降級。誠如一位管理心理學者所說，人事獎懲制度就像胡蘿蔔與棍子，在這兩端的中間，是需要鞭策的人。

如果獎懲制度的設計放棄「打破現狀」的思考，又會如何？如此一來，公司的目標、任務、策略都與每一個部門息息相關，每一個員工——不只是領導階層——都非常明白，自己的工作可以實踐公司的未來。

目前，到底有多少公司的員工每天在執行工作時，清楚知道公司的基本目標是什麼？如果有一個組織能做到這點，結果又會如何？至少我們知道，階層支配一定會減少，對員工與組織來說，每一個工作都變成同等重要。換句話說，**還沒有做的事才是最重要的事**，完成工作成爲最佳的獎賞。一個組織越是朝這個方向發展，組織的力量就越強，智慧成爲最佳回饋，很少有其他的獎賞系統比它更具即時的精神。

縮短組織的時間差

當時間被視爲事物的一個基本面向，就會被當作資源，而非束縛。譬如愛因斯坦的宇宙模式包含了時間因素；電子學在科技模型裡充分利用時間；企業策略裡納入了時間因素；現在我們應該在組織裡也考慮到時間。但是在組織眞的能調整到即時運作前，我們要自問，組織的時間落差眞的無法避免嗎？

理論上，時間落差不可避免；實務上，我們希望這個落差越短越好。別忘了，策略是告訴你未來的產業面貌，組織則告訴你如何達成那個目標。理論上，沒有任何一個組織的文化、結構、系統與人力可以完全符合它的策略所需，因爲如果完全符合，那麼策略就不需要去「執行」，它已經「實現」了；換言之，策略已不再是策略，一如目標實現後，就不再是目標。目標的實現，一定是未來式。組織做爲實現未來的工具，時間必須成爲組織的基本因素。

當時間被一個組織視爲外部因素，就會妨礙目標的實踐，因爲這樣的組織反應遲鈍，只能應付眼前。不管是組織理論研究、組織顧問公司甚或大部分員工，總是以補救的態度處理組織問題：我們要如何挽救它？如何才能更好？如何才能擺脫現況，到達我們想要的境界？組織被當成一種病態的巨獸，永遠不會完全照著你的想法行進，永遠需要又推又擠地將它送往正確的方向。對組織抱持這種想法的人，通常也對組織應有何種面貌有一定的想法，當他看著眼前的組織，只會搖搖頭說：「這不是！」

由此觀之，組織妨礙了策略實踐。當然，負面作用力永遠存在，重點是如何減少它。減少負面作用力，減少障礙，改善組織，也減少策略與實踐的時間落差。大部分的組織更新、管理發展方案、獎懲制度、資訊處理技術與其他組織要件，都應朝這個方向改進。

如果不是先有「現存的不是我想要的」那種想法，人們不會去追求改善。雖然不是每一個管理階層都有這種想法，但管理哲學大體還是傾向於這種負面思考。工業時代以前的世界觀，默默接受「上帝的意旨」與自然秩序；工業社會的世界觀則發展爲「預測並控制自然」，事事都可以改善。數以千萬計的美元投注在組織改良上，企圖將組織扭往策略發展的正確途徑上。而我們對組織改良成功與否的定義，經常都是「程度多寡」，從來不曾有完全成功的例子。

我們的工業架構來自一種機械論的世界觀，不斷地干預與改善既有的模式。我們總是視現有的組織爲錯的，正確的組織只存在於未來或過去。現有的組織不是有問題，就是有一點點小毛病，永遠不會是「完美無錯的」，永遠不會令你驚呼：「這就是我要的！」。

這就像發明與發現的差別。發現的主角早已存在，只是在發現之前，我們並不知道它存在罷了。我們發現人性，而不是發明人性，你是願意和一個「發現」你，還是「發明」你的上司共事？

米開朗基羅的雕刻就有發現的味道。一般雕塑家是以「發明」的態度在石頭上雕出東西來，他不相信石塊裡原本就有任何形象存在，因此以發明的態度去處理石材，企圖從中發明出原先不存在的東西。米開朗基羅正好相反，他相信石材裡原本就有形象存在，他的責任是把它發掘出來。他的奴隸雕像與大衛雕像就是最好的例子，只有部分形狀非常清晰，其餘都深埋在石頭裡。米開朗基羅的才氣讓任何人看了這些雕像都知道，雕像身體其他的部分深埋在石材裡。

在眞正有效率的組織裡，管理階層會知道這就是他想要的組織模型，問題是公司大部分員工並不知道。如果員工始終認爲他必須去追求新的、完美的組織模式，他的態度就會變成：「現在的做法不對，我們必須改成……」此處傳達出來的訊息是，組織並未能有效實踐策略。

如果我們換一個想法：「**我們的做法適合公司策略**。」那麼員工得到的訊息是他每一分鐘都在實踐目標，每一次會議、每一個決策、每一個動作，都在強化一種感覺，那個新的組織模式已經存在了。

主管階層如果認爲理想的組織結構「存在於未來」，那他所能發揮的力量就像「不可能實現的未來」，時間對他們而言不是資源，而是限制。反之，**如果將現有組織視爲他想要的組織，主管就能發揮極大的力量，因爲他已經得到他要的**。著名的政治、宗教、商界領袖知道這個祕訣，譬如列寧與毛澤東知道：蘇聯、中國已經革命成功。

當這兩位政治人物尚未攀抵權力高峰，還被當權者打壓、被迫流亡時，他們就知道革命已經成功，剩下的是不管工程有多浩大、代價有多高，他們要一步步讓其他人接受革命已經來臨且完成的事實。從革命已成功的角度思考，你不可能再返回舊時代，苦難只是考驗，更加強化而非削弱新秩序的誕生。

先見之明式的時間管理

再過幾年，研發二十一世紀的長程規劃將在企業間流行起來，這種規劃應當要把本書談論的新經濟特性列入考慮。當每項行動都既能執行策略又能對於規劃有「發現」的體會時，經理人員便可將長程規劃付諸實現。這是把管理當資源而非結果；如果要這種管理，我們必須有未來完成式的態度。

我們在下表定出兩個時間點，也許有助於了解對待時間的不同心態：

點(1)，決策已擬定，資源已分配。

點(2)，決策已執行，資源已運用。

就在點⑴（有效的決策）與點⑵（有效的執行）之間，管理的難度似乎最高。大多數經理人因爲設定了點⑴與點⑵中間有一段時間，所以很難由點⑴進到點⑵。

一般來說，負責經營的管理人員都是站在下了決策的現在（點⑴），然後工作是朝著未來（點⑵）推進。換個不同的角度來管理，他們可以把心態調整爲站在點⑵來經營，然後工作是爲了實現他們早已料想到的狀況，儘管狀況尚未發生。

物理現象可以幫助我們了解另一種時間觀，譬如聲音與光在時間中行進，聲音行進的速度約是每小時六百六十哩。試想兩種飛機，一種是次音速，一種是超音速，同時由點⑴出發到點⑵。次音速飛機所製造出來的聲音與飛機同時抵達點⑵，超音速飛機卻比它所製造出來的聲音先抵達點⑵。

想像你坐著超音速飛機抵達點⑵，然後等待聲音的到來。在這個結構下，事實還未發生，你就已經在那裡了，搶在事件之前，坐看它的實現。

在這個聲音行進的例子，兩點間的差距實在太短，所以你只能坐等事件發生。但我們可以假設兩點距離很大，在聲音還未抵達前，

時間點

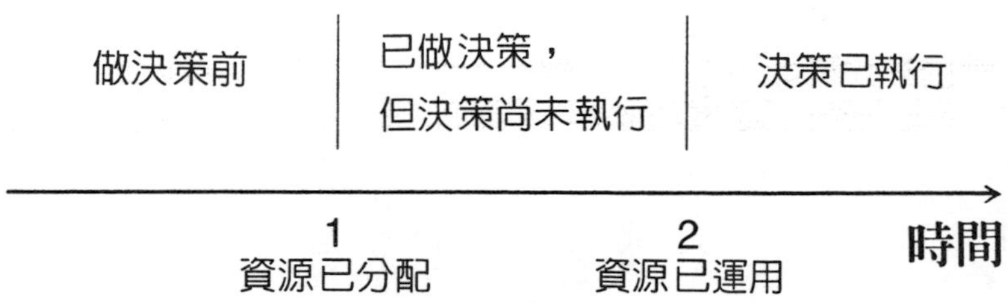

機長有充分的時間可以準備迎接聲音的到來。同樣，管理階層也可以假設自己已抵達未來，忙著爲那個適合未來的組織模式做準備。

光的行進也是同理，只是速度快得多，所以感受不一樣。光以每秒十八萬六千哩的速度行進，愛因斯坦的相對論讓我們明白，我們現在所看到的星光，是那些已經不存在的星球所發射出來的光芒。那是殘存的光芒，餘波。

如果說餘波是已發生事件的殘餘效果，那麼「先見之明」(beformath) 就是在事件還沒有發生時，就已經看到它未來的結果。杞人憂天是「先見之明式」管理的錯誤範例，但執行策略牽涉以「未來完成式」方式管理，也就是以「先見之明式」管理。購買人壽保險或者貸款也是在先見之明式的思惟裡運作。

我們無須遠赴銀河外，尋找時間管理的不同想法。徘徊在數個工作間，尋找成功事業的人就是一個例子。在前表中的點⑴，他們選擇了一個工作，傾力以赴。點⑵是他們認爲成功的時候。在點⑴與點⑵間，他們採用各種不同心態，爲實現目標而邁進。決定不換工作的人，認爲原有的工作才能保證成功；選擇換工作的人，則是假設換工作是邁向成功的第一步。你可以說，這是看事情的角度不同；也可以說，角度的不同決定了未來的差異。

尋找即時的組織結構

與領導能力一樣，組織的結構也應將時間當資源而非束縛。爲什麼結構會拖拉在後？爲什麼它不是「即時」的？「即時結構」會是什麼樣子？以下的討論必須採取假設語氣，因爲這些東西都還不存在，我們只是剛開始摸索未知而已。

工業時代的組織模型多半是三度空間。第一度空間是管轄寬幅，一個上司管轄多少員工才合理？不管任何變數，企業界普遍認爲七人爲宜，超過這個數目，就需要第二度空間面向。上司與這個「多於七人員工」的結構之間，就會出現另一層級，拉長了指揮系統，卻又能維持理想的管轄寬幅。階層組織因而產生，這也是工業社會組織結構的核心。第三個空間面向是地理空間的延伸，亦即相同但較簡化的組織結構在不同地點重複成立。

上述三個面向如寬度、長度與深度，都與空間有關；我們要討論的第四個面向則是非空間的連續體，亦即時間。這個第四面向，時間是如何納入企業的組織設計裡呢？就我觀察過的公司中，德州儀器（Texas Instruments）是唯一將時間視爲組織結構一環的公司，但也僅用在策略規劃上。他們以年爲計算單位，預估公司未來每一年會有什麼不同面貌？產品與市場的組合狀況又會如何？因應這些，組織結構應如何調整？德州儀器的例子顯示，管理階層如能在策略發展上，將組織改變視爲規劃過程的一環，就比較有可能透過微小的、不斷的改變，獲得最大的利益，這就是組織結構的即時性。截至目前爲止，我們還看不到第二家企業將時間視爲第四個組織面向，由此可知，我們距離「即時的」組織結構境界還遠得很。

如果我們將時間視爲組織的固有因素，代表我們創造了即時的結構。這個結構會時時做微量的、累進的變化，而非突然作大幅度的量子性跳變（quantum jump），由於每一個變化都是如此細微，合起來就像個恆常的、毫無間隙的動作。如果拿攝影做比喻，工業時代的組織結構就像靜態攝影，我們雖可以收集許多靜態攝影，放入投幣式機器，讓它們看似在時光中轉動，卻無法變成「電影」。同樣，今日「靜態攝影」式的組織結構，距離變成「電影」的時代還遠得很，有待大幅轉變。

注釋

❶眼睛掃描啓動、聲音或動作啓動已經廣爲殘障人士用做溝通工具，或者用來指示輪椅行動方向。虛擬實境的電玩也用到這些技術，除此之外，這些技術並不廣爲一般人使用。

❷三十年後，軟體更是全面主宰了電腦業，硬體已經變成普通商品。ＩＢＭ的走下坡，微軟的崛起，正是這個趨勢絕佳的說明。昇陽的口號：「網路即電腦」，指出了電腦的價值與行動力不在那個四四方方的盒子裡，而是四處可及，無所不在。昇陽新的網際網路軟體爪哇程式語言（Java），更將電腦的力量推進網路裡，遠離了傳統的硬體、軟體。

③我引述這兩位學者的話，均出自韋克所著的《組織社會心理學》（*The Social Psychology of Organizing*, Reading, Mass.: Addison-Wesley, 1969）

④引自甘尼所著《管理學》（*Managing*, New York: Doubleday, 1984）

3

可攜帶式組織與市場

任何地點

產品追求由大而小，可攜帶。

可攜帶性的最終境界不在產品小，

更在於顧客到任何地點都可以使用。

於是，企業的組織不再追求規模。

組織也可以攜帶。

製造者：送到你家還是到我的店面購買？

消費者：如果還需要爭論這個問題，那就算了吧。

早年的產品笨重龐大，譬如鐘無法變成腕表，又譬如第一代的收音機、電視機都是龐然的大箱子，電腦更大得像房間。最早的電子計算機形體巨大，必須拆成兩部分，按鍵放在桌面，機體放在桌下，以減少空間。現在，我們隨身攜帶的電算機只有名片般大小，無法再縮小的唯一原因，是再小下去，手指頭就不方便按鍵。

新經濟時代裡，產品微縮化通常和微空間（microspace）科技有關。微空間科技包括雷射、光纖、基因工程、矽與人工智慧，比工業時代的科技更能將較多的微物質（micromatter）壓縮到較小的微空間裡。大部分的微物質是次原子形態（subatomic）或電子脈衝，這些脈衝跨越空間，傳送著代表數字、文字、影像與聲音的資訊。

小而精巧，小而省

如果人類沒有先克服空間的限制，也不可能讓電腦擁有既複雜又快速的運算能力。自一九七〇年代開始，幾乎每隔三年，就會有新的、密度更高的、更有力的晶片誕生，現在我們可以將一、二千個電晶體微縮在針頭般大小的空間裡。工程師將電路晶片（chip circuit）的體積微縮到一公忽（micron）大小，甚至更小。一公忽是百萬分之一公尺，約是一根頭髮直徑的百分之一，人類血球直徑的十分之一，也是指甲每四十五分鐘可以長出的長度。在一公忽的晶片裡，每層的厚度約只有十五個原子。英代爾花了一億美元在研發上，它的 80386 微處理器晶片雖只有四分之一平方英吋，卻有辦法擠下二十五萬個電晶體與一百萬個電子元件。

將電路微縮在晶片上，代表訊號由此端傳輸到另一端的速度加快，運算速度也因而加快。微縮化同時也讓晶片可以放進更多邏輯元件（logic element），讓電腦有更多複雜的功能。

微縮化的另兩個優點是可靠與省錢。譬如舊式眞空管容易燒壞，半導體晶片使用固態技術（solid state technology）後，如果能熬過第一個月的加熱後散熱過程，半導體晶片的壽命會比它所服務的產品的壽命還長。微縮化也使生產成本大幅下降，以往需要花時間、人力去做組合的組件，現在多集中在一個元件上解決，電腦的微處理器就是一個例子，取代了舊電腦許多零件。又譬如，有了分數馬力馬達（fractional horse power motor），消費性商品如洗碗機、洗衣機、烘乾機、吸塵器與電動開罐器才應運而生。

另一個例子是日本松下電工（Matsushita Electric Industrial Company）爲了克服電磁馬達既笨重，低速運轉又不順的困擾，發明了超音波馬達，重量不到兩盎斯（兩盎斯約合五十六公克），僅手掌大小。松下電工打算將這種馬達用在工廠機器人、自動零件與錄影設備上。

其他較簡單的商品也用到微縮化技術，譬如新力公司將東京地區厚達四大冊的電話簿，編碼成一個三乘五英吋的碟片，方便消費者查索。雖說東京地區許多小街道沒有名字，只能根據行政區、段或鄰里來查索，但是其他都市的電話簿編碼成碟片後，要查詢某地方圓五條街內共有多少壽司店，按鍵後，一秒鐘答案就出來。

將微物質壓縮在微空間裡，是新經濟時代的核心技術，也就是將空間、時間與物質轉化爲更有利用價值，重點在將這些要素視爲資源，而非限制。簡單地說，**如果碰到空間限制，要想辦法重新定義空間，讓它滿足新需求。**

空間與價值成反比

重新定義空間時，不再局限於寬度、長度與高度。在一個抽象的平面上，可以有無限度空間。試想你的住屋空間，依美學品味、經濟價值與社會意義，它又有多少空間面向？

影像革命讓電視、電腦有了夢幻的螢幕，超解析、平面、大得像一面牆。影像革命的最大突破是讓平面增添第三度空間，我們都看過電腦繪圖，不管汽車產品或建築藍圖，電腦繪圖都給我們一種三度空間感，隨著電腦視角的旋轉，觀衆可以看到產品的不同面向。在這些例子裡，它們都是在二度空間裡做三度空間模擬。

唱片、底片、錄音帶、螢幕與碟片多是二度空間產品，用來捕捉、傳達訊息。或許是基於實用理由，這些產品都設計成平面型，但如要設計成立體，科技人員說，也不會有太大的技術困難，譬如立方體的唱片、底片、錄音帶與螢幕，裡面含有一層又一層的訊息。美國紐澤西州的安鮑爾科技公司（Ampower Technology Inc.）開發了一種旋轉透鏡，可以將陰極射像管裡的影像投射到射像管外十八吋遠，這是立體電視的先驅。以空間面向而論，這就是平面攝影與全像攝影的不同；全像攝影是其他領域開發整體模擬的先驅。❶

物理學上，密度指的是重量與體積比，運用到商品上，則是商品的價值與體積比。**在功能不變的前提下，商品體積縮得越小，價值就越高**。鋼筋混凝土就是一個例子，比起尋常的水泥，同樣的體積，它的價值較高。又譬如可以抗病蟲害的農作物，也較具有價值。同理，語音文書處理機就比同樣大小的打字機有價值得多；而如果文書處理機還可以處理資訊，價值就更高了。這些都是強化產品價值的例子。至於強化服務價值就更直接了，通常可以在舊有的空間裡增加額外的服務，譬如會計師幫客戶做稅務規劃、旅館增添羅曼蒂克氣氛或增雇一個僕役長，都是無需加大空間就可以強化價值的做法。

另一個例子是美國電話電報公司開發出來的推揷電纜通話器（TASI, Time Assignment Speed Interpolation），後來吉悌電話（GTE）也發明了爆叢交換機（Burst Switching）。電腦與電信的結合是強化價值的科技發展，連結了電話網路、交換機與傳輸設備。如果沒有這種科技發展，電信業絕對無法應付一九九〇年代面臨的電信大塞車。❷這些科技包括微電子、靜寂偵測（silence detection）、聲音壓縮與訊號處理。

爆叢交換機讓傳輸容量加大了三倍，處理電話的速度快上二十倍，在相同空間裡產生更多價值。它的原理是通話其實是三分之二的靜寂，夾著零點一秒至一點五秒長的聲音爆叢，爆叢交換機讓同一條電話線可以只用三分之一的時間來通話，另外三分之二的時間用來傳輸其他資料，空間不變，傳輸能力增強爲三倍。

如果我們能將東西微縮化，空間就會變成資源，而非束縛。譬如可攜帶式產品自由地在空間裡穿梭，下一代的產品將多半如此。想像兩種同等功能的產品，一種是消費者必須走到產品面前，才能使用它；另一種產品可以跟著消費者走，你會選那一種？譬如可以帶著走的中提琴？又譬如可以戴在腕上的表，而不是掛在家裡的鐘。

想想看還有多少種產品，原先是固定的，現在變成可攜帶式？很多以提供資訊爲主的產品（不管是文字、影像或聲音式的資訊），現在都轉化成「任何時間」、「任何地點」式的產品，譬如誰有辦法帶著一本大字典或百科全書到處走，如果變成一個鬆餅般大小（3×5吋）的唯讀光碟片，豈不是大有市場？譬如飛機上，我旁邊的乘客是公司高級主管，他正用筆記型電腦做資產負債表，連接掛在飛機走道上的電話，就可以傳回公司。飛機尚未抵達目的地，他的工作就完成了。

產品雖不能隨身，服務一樣可攜帶

即使產品過大，不能隨身帶著走，還是可以把服務送到家。譬如皮特尼鮑斯公司（Pitney Bowes）提供一項電話付郵資服務，會員公司的收發處主管只要撥一通電話到皮特尼鮑斯公司，鍵入該公司的代碼，即可補足郵資，再也不用到郵局排隊。

每年有一百四十億美元市場的居家照護，也是將醫療照護由供應者移到消費者家中。在我們祖父那一代，醫療照護通常都在家中，伴隨著科技發展，醫療照護移到醫療院所。現在，基於成本的考量（不是爲了病人的舒適），醫療照護又逐漸由醫院移回家中。現在全美共有七千家公司提供居家照護，全美有將近一半的醫院與雅芳或H&R布洛克公司（H&R Block）這樣的商業機構合作，加入居家照護市場。一九八五年的調查顯示，藍十字與藍盾公司（Blue Cross Blue Shield）百分之九十的醫療保險，或多或少都涵蓋居家照護費用。十年前，這個比率才百分之五而已。

素無行銷文化的美國電話電報公司在推廣電傳視訊會議時，忘記了到府服務的重要性。他們在美國十二大城市的商業中心設立大型電傳視訊會議中心，認定那些厭煩了出差的主管會放棄搭機到外縣市開會，巴巴地搭計程車到市中心，使用他們的電傳視訊會議中心。主管當然喜歡電傳視訊會議，總比出差方便得多，但前提是要在他們公司裡召開。

電視初發明時，電影業根本不把它當一回事，直到電視威脅了電影的生存才緊張。幾十年後，電影界才知道，電視提供了電影全新的成長。錄影機問世，電影又感到同樣的威脅，大張旗鼓，以防禦姿態尋求法律途徑討回損失。大概得再過十年，他們才會發現錄影機其實有助電影業的蓬勃。❸電視與錄影機的興起，證明了消費者傾向在家娛樂，而不是出門到戲院。

美國花旗公司與日本松下電工旗下的國際牌合作，開發一種掌上型個人電腦終端機，讓人們不必走進銀行，到哪裡都可以做生意。只要插上電話，這個掌上型個人電腦終端機就會自動撥號與花旗銀行的電腦連線，消費者可以進出自己的存款與信用卡等帳戶，自行轉帳，查詢票據進出是否清理完畢，甚至付帳。不像其他銀行的「居家線上金融交易」還需要使用個人電腦。

即使非金融機構如福特汽車公司與喜爾仕百貨（Sears），也打算在大型購物中心裡設立小型金融交易服務站。花旗公司的消費金融策略更是無遠弗屆，超越地理限制，不需眞正的空間，就能提供大多數人完整的金融服務。該公司的成功多虧現代科技的輔助，譬如掌上型終端機。這些發展日漸趨近跨全國金融服務的想法，避開了聯邦法律規定的，民衆不可以在自己居住的州之外提款。

可攜帶性的最終境界不在產品小，顧客可以帶著走，更在顧客到哪兒都可以使用它，因爲不需要插電。

一八七六年，貝爾發明了電話，將人聲轉化成電子脈衝，透過電線傳到遠處。一百多年來，人們只要有電話連線，就可以和遠方朋友盡情暢談。現在連電話線都免了，無線電話帶著走來走去，儘管還是有範圍限制，邁入了大哥大時代，連最後一點限制也解除了。儘管目前大哥大體積還是很笨重，英格蘭的科技電話公司（Technophone Inc.）已經研發出一種只有十五盎斯重（約四百二十公克），以電池供電的大哥大，可以塞在皮包裡。[4]

免持聽筒電話解除了身體限制，讓我們不必坐在電話旁拿著聽筒說話。免持聽筒電話目前多用在商界，但是可以重新市場定位，以較低的售價，讓家庭主婦在廚房忙著做菜時也方便打電話。未來的趨勢是絕大部分的人，不管身在何處，儘管自由移動，仍可和遠方的人通話。

隨身聽也是一種解除空間限制的科技產品。新力隨身聽除了微縮化外，又以高品質的聲音強化價值。國際牌則爲三印電路（TriTex circuitry）申請了專利，它可以將收音機微縮到郵票般大小，直接加在耳機上。或許下一代的產品會是直接扣在眼鏡架的微收音機。

即使日常生活產品也不斷改變空間、時間的束縛，讓它們反過來變成競爭優勢。譬如達美樂披薩全美三千四百家連鎖店，都可以在接到訂單後三十分鐘內，將披薩送到府上，年業績十億美元。達美樂披薩的運作方式是這樣的，顧客打電話到送貨中心訂貨，電腦記錄後不到三十秒，訂貨單就傳到離顧客最近的連鎖分店，他們再把披薩送上貨車。必勝客披薩打出的口號是三十分鐘內送到，否則半價。東京是在一九八六年開始，有八家披薩連鎖店提供送貨到府服務，當地報紙還寫了一篇報導，比較八家店送貨速度。

消費者DIY

消費者喜歡隨時、隨地、隨身可以享用，而不是要到店裡才能享用的產品。**產品或服務如果不受空間限制，就多了競爭力**。如果你的產品與服務仍停留在顧客必須上門享用，要想法「送貨到府」才行。好多年前，胡佛吸塵器與雅芳化妝品就採取挨家挨戶示範推銷策略。

科技的進步讓配銷可以做到顧客不必上門；未來，生產部門也將發生同樣的巨變。

以往工業經濟時代，商品是在廠商處生產，透過配銷系統，到達消費者手中。新經濟時代會越來越傾向讓消費者在家中完成生產鏈的最後一環。最早的例子是「自己動手做」（DIY）的產品，原始目的是爲了節約成本，後來動機就不一樣了。

譬如拍立得相機將攝影的最後一環——沖洗相片，交在消費者手中完成，主要動機是省時、立即滿足。組合單元化是同一概念的放大，消費者不必再買同一品牌的整套音響，而是買不同品牌的擴音機、喇叭、唱盤，變成一個組合式音響。再以銀行爲例，銀行的「實體」由總行變成各地分行，再變成顧客可以不必下車的「得來速」（drive thru）櫃員窗口，又變成四處可見的自動櫃員機，最後是「賣場直接轉帳系統」，這些改變就是一步步縮短銀行與消費者的空間距離。

最終的轉變是：**製造過程移駐消費者的家中**，譬如居家線上交易，消費者坐在家中，利用電信系統完成金融交易。當銀行是一棟建築時，我們很清楚它的所在；當一檯檯自動櫃員機逐漸取代銀行的功能（提款、存款與轉帳等）後，銀行的實體在哪裡呢？而當銀行再進步到成爲客戶家中的電腦軟體時，我們還能指出銀行在哪裡嗎？

另外一個例子是上市多年的脫水與濃縮食品。好多年來，可口可樂都是賣濃縮配方給零售商，零售商再加水變成飲料機裡的可口可樂。最近可口可樂公司在討論，要不要在消費者家中冰箱的製冰機與冰水機旁加裝可樂機。可樂的絕大成分是「水」，如果消費者的冰箱有可樂機，讓他們來完成製造可樂的最後一環，可大幅減少可口可樂公司的裝瓶、配銷成本，也可以增加冰箱的價值，或許還會刺激可樂的銷售。英國蘇打泉公司（Sodastream）的想法正好相反，他們販售盒裝配方，加到白水中，就可以產生碳水化合物，讓消費者可以便宜地自製汽水。

電腦軟體也是消費者完成生產鏈最後一環的邏輯衍伸，譬如電腦輔助設計讓消費者可以根據不同需求做設計。同理也適用在服務上，現在消費者坐在家中電腦前，就可以規劃旅遊行程、預訂機票、旅館，完成原本由旅行社提供的服務。未來，甚至不必到店裡購買電腦軟體，只要上線訂購，電腦軟體設計公司就會將軟體傳送到你的電腦，你自己再拷貝到碟片即可。電傳到府的軟體程式，裡面可以包含防止盜拷指令，也能有使用期限設計。❺

生產鏈最後一環移到消費者家中還有一個好處，根據調查，若消費者能夠控制生產，通常會消費得更多，最明顯的例子是「任你吃到飽」的自助餐，顧客自己拿菜，一定吃得比侍者添菜給他們的多。因此，想辦法將生產鏈的終端移到消費者家中，這會使你的產品銷售上升。⑥

總而言之，如果沒有產品空間觀念的改變，脫水食品、「得來速」窗口、購物頻道、智慧大樓、自己動手拼裝房子、外太空工廠等產品概念絕不會誕生。**從業者應當開發不受傳統時空觀念限制的產品**，尤其是那些負責研發成熟產品的人，更應仔細評估產品的各個空間面向，包括產品的體積大小、體積與價格比、在哪裡產製、在哪裡被消費。

新經濟時代的市場在哪裡

兩種產品不可能同時佔據同一空間，但兩種無形需求或許可以共用一個空間，新經濟時代就是用這個概念界定市場，讓空間不再成為市場的界定因素。在後工業時代裡，「市場」不再是一個實體存在、供需兩方碰頭的物質空間。現在買方與賣方共同改寫了「市場」的定義。

譬如，股市到底在哪裡？是華爾街十一號？還是那個有著大理石圓柱，操作員慌慌張張拿著紙片跑來跑去的紐約證券交易所？不是的！新經濟時代的證券交易競爭並不發生在某棟房子裡。一九七一年成立的全美證券經紀商協會（National Association of Security Dealers），自從推出行情自動回報系統NASDAQ後，大大增強了競爭力。一九八七年，他們平均每天交易一億五千五百萬股上櫃股票，雖然這些上櫃公司的規模比不上大公司，數量卻是紐約證券交易所裡交易公司的三倍。NASDAQ與紐約證券交易所不同，它不存在於一個特定的空間裡，相反的，它是一個橫跨六百萬哩、三千部電腦連線的網絡。如果一個經紀商要賣出一千股聚合科技公司（Convergent Technologies）的股票，他只要看看電腦上最高出價行情，一支電話、一個數據機就完成了交易。

證券市場正邁入一個「任何時間」、「任何地點」的世界。因為倫敦／紐約／東京連線讓證券市場並不只存在於一個定點，而是處處存在，並邁向全天候運作。以芝加哥交易所（Chicago Board of Trade）來說，他們在一九八七年五月開放夜間交易，這全拜電腦系統化之賜。大約十年前，證券市場的市場概念就已經完全轉型，由美林公司（Merrill Lynch）領軍，打出「我們將華爾街帶到你住家附近的大街」，讓證券交易的地點更接近顧客。證券業的整體趨勢正顯示「任何時間」、「任何地點」都可以交易的潮流，解除了時間空間的限制。

行銷人員現在也開始分析消費者的空間，包括胃容量佔有率、聲音佔有率與心理佔有率。一次我與可口可樂公司的主管開會，他們說該公司正在研究消費者的胃容量佔有率。消費者胃容量有限，其中一部分是飲料。但是美國大衆的飲用口味正逐年改變，由烈酒轉爲葡萄酒再轉爲不含酒精的飲料；也由咖啡因飲料轉爲不含咖啡因的飲料；代糖取代了蔗糖。如果你不想失去美國民衆的胃容量佔有率，就得隨著大衆飲用習慣改變而變。在可口可樂尚未陷入新、舊口味配方的市場佔有策略困境前，該品牌的百分之一市場佔有率代表七千七百萬瓶可樂，因此消費者胃容量佔有率的輕微改變，對該公司而言，都是巨大的銷售消長。

在側重宣傳的行業裡，主管人員視「市場聲音佔有率」爲產品成功與否的指標。「市場聲音佔有率」是指花在讓消費者認知產品的宣傳費用與產品的市場佔有率比。如果一個產品有百分之十的市場佔有率，但是宣傳費用僅佔百分之七，「市場聲音佔有率」就偏低。產品宣傳的聲音現在也出現在前所未聞，或者以往未被利用的空間裡。譬如，儘管三大電視網的廣告佔有率在過去十年裡，已經下降了百分之十五，但是黃金檔的廣告費仍激升至每三十秒十萬美元，美式足球超級杯大賽時，三十秒的廣告費甚至高達六十萬美元。這迫使廣告流竄至路邊停車收費錶的背面、超市裡的推車，或者是體育場裡的看板。現在，廣告滲透到電影劇情裡，甚至像可口可樂一樣，展示在消費者的衣服上。

相較於胃容量佔有率，「心理佔有率」顯得抽象得多，但同樣寸土必爭。零售商根據收入、生活形態、甚至商圈來界定對消費者的心理佔有率，即使在相同的商品區隔下，依然有心理佔有率的競爭空間。譬如，如果一項產品隨處可買，便很難和同類型產品競爭，此時賣方應加重店面的形象競爭，而不是產品形象競爭。

這時，產品的價值不在它本身，而在它「所陳列」的空間。店家知道消費者可以在他的店買到煙灰缸、內褲，也可以在別家買到相同的東西；所以選擇他的店，是因爲喜歡這家店的感覺。就好像你在布明岱爾百貨公司（Bloomingdale）買東西，和在巷口小店買東西，價值感完全不同。高級店面想要抓住的就是你的想像力、自我評價與其他心理面向，也就是抓住你右大腦掌管感性的部分。

上述這些例子點出了所謂的「市場」，已從工業時代「實體存在」的觀念，移轉到新經濟時代裡較具彈性的空間觀念。**管理階層應當檢視自己的產品，用另一種非空間、非固定不動的觀念，重新界定市場空間**。當然，傳統的市場定義並不會消失，它會和新的市場觀念相輔相成，因此管理階層不僅要設法讓產品「佔架」，更要搶得消費者的心理佔有率，讓他們在出門購買前，就直接想到你的店面。

時間與空間觀念的改變，會直接衝擊到市場理論與實務。當市場時間由朝九晚五擴大爲全天候，市場是否也放大了？商機是否也增加了？它還是同一個市場，只是服務方式不一樣了？還是侵入了另一個全新的市場？哪一類的市場最不容易往「任何時間」、「任何地點」概念改變？年輕的專業人員是不是比勞工階層、退休人員更需要「任何時間」、「任何地點」的市場概念？這種類型的商品，成本又有多高？是應當計時收費？還是以技術、組織的複雜度來估算成本？

市場理論同時也觸發了實務問題，譬如一個公司要如何讓它的行銷部門，永遠能夠以「任何時間」、「任何地點」的角度來思考產品空間？當確知消費者的需求後，一個公司又應當如何快速地滿足消費者需求？在這個過程中，產品的附加價值又能夠如何提升？

減掉中間人

一如市場的定義已經改變，市場與行銷的功能也將改變。在舊的工業經濟裡，中間商佔掉一大部分市場空間，減掉中間人是爲新商機創造空間。

婚姻介紹人就是一種中間商，當年輕人可以自己尋找婚配對象，婚姻介紹的生存空間就消失了。同理，股票經紀人也是中間商，在上市公司與股票購買人之間扮演穿針引線的角色。股票經紀人也有他們的中間商，那就是證券交易所。直接交易，就是消除中間商。

在經濟形態簡單的時代裡，人們獨力完成產品價值鏈的所有環節，他們控有資源、利用資源生產物品供自己使用，譬如自耕農。一旦農人種植糧食供都市居民食用時，就有了中間商。產業分工越細，兩個經濟活動間的中間環節就越多，消費者離生產者那一端越來越遠，而生產者要直接接觸消費者，也越來越困難。簡言之，經濟結構越複雜，產品價值鏈上的中間環節就越多，但理論上，每一個環節都應當讓產品的附加價值更高。

譬如，銀行就是通貨的中間商；零售商居中分銷家具、衣服與各式商品；電視、電影是我們與娛樂的中介物；火車、飛機、公車居間滿足我們行動的需求；學校與醫院是我們追求知識與健康的中間物；政府則是最大的中間商，提供多項服務，包括保護人民安全。

強調服務的經濟時代裡，企業必須針對消費者需求而不時調整，但是有太多中間商卡在中間，讓每一個環節的成本都上升。食品、服裝與化妝品這些行業，中間商的成本佔去售價的大部分。消除中間商是降低成本的法寶，儘管舊經濟觀認爲消除中間環節，造成失業率上升；但從新經濟觀點來看，縮短價值鏈就是讓每一個人產值上升。

拿切花業來說，縮短價值鏈讓消費者省下大筆錢、獨立花商面臨較大競爭，而連鎖超市花鋪大發利市。全美百分之八十的超市都有花鋪，比一九七四年足足成長了兩倍，加上廉價商店、百貨公司，它們合佔了全美切花零售市場百分之二十的營業額。相對於獨立花商必須向大盤商購花，連鎖超市繞過切花大盤商，直接向花農大量購花，儲存在倉庫。辛辛那提市的克羅格連鎖超市（Kroger），百分之八十的切花都是直接向花農採購。

縮短價值鏈本身也可以成爲新興行業，譬如郵購業務原本是爲了縮短價值鏈，現在卻成爲美國成長最爲快速的零售業之一。又譬如縮短電視與電影院價值鏈的錄影機、縮短醫療價值鏈的健身房、自己動手做等等。通用汽車承兌公司（General Motors Acceptance Corporation）也是一個成功的例子，它跳過銀行，直接對消費者做汽車貸款，甚至推出自己的商業本票，進一步取代銀行的中間功能。

不是只有巨觀經濟如公司與公司間才能縮短價值鏈。事實上，公司內部也可以縮短價值鏈，譬如少叫員工打一份報告，就可以縮短很多不必要的中間工作。換言之，員工是公司內部最終的「中間物」，員工縮編就等於縮短價值鏈。即使不縮編，員工自己也會替公司縮短價值鏈，譬如要求某條生產線強化產品服務功能，以提升附加價值。這是減縮內部成本，因爲產品的附加價值不外求其他公司達成，縮短了價值鏈。

什麼樣的中間商最容易蛻變成縮短價值鏈的新興行業？答案是小公司。大公司聘請專人做的事，在小公司裡都由自己人解決。過去十年裡，三分之二的新興行業都萌發於二十人以下的小公司，《財星雜誌》五百大公司幾乎沒有創造出任何新興工作。雖然說這個現象值得參考，但不能就說是大企業的經濟模式生病了，新興行業前途無量。比較精確的說法是，新經濟模式重組了大公司與小企業的經濟活動，舊形態的消失，代表市場新空間出現了。

改變配銷系統

重新思考市場空間決不能忽略配銷，它是重要的行銷環節，把商品與服務由製造商處提供到消費者手中。傳統的配銷定義包括經銷、倉儲、出貨，但不包含銷售。廣義來說，配銷是一個企業的人力、技術與通路的組合，透過廣告、促銷與銷售尋找客戶，以服務、收帳與送貨系統來維持客戶。

經銷商經常是可以縮短的價值鏈環，但是科技發展讓經銷商在附加價值鏈上大大加碼。服務業尤爲明顯，經銷佔去服務業百分之四十五到百分之八十的營業成本。

到了二〇〇一年，微電腦將和鉛筆一樣普遍❼，不過早在那之前，微電腦已經成爲重要的商品。網路將把微電腦相連起來，對硬體業者而言，這代表了利潤的來源會趨近價值鏈的尾端，特別是在經銷部分，而非硬體生產部門。

取消管制與消費者偏好改變，也對市場配銷產生極大衝擊。汽油零售業、航空、電影、相紙沖印、運輸與金融服務業都出現這種變化。

以汽油零售業而言，在美國政府實施進口石油配額制度時，汽油零售利潤穩定，業者的策略是以量取勝，產生了「每個街角都有加油站」這樣密集的供銷網。後來配額制度取消，加上石油輸出國組織禁運，導致油價上漲，對石油零售業產生巨大衝擊，包括消費需求下降、利潤縮小、加油站倒閉，取而代之的是賣點直接轉帳系統（point of sale system）興起，自助加油站與附設便利商店的加油站大幅增加。阿蔻石油公司（ARCO）與蜆殼牌石油公司（Shell）抓住機會，重整配銷網路。

阿蔻石油公司設定在低價位、有品牌的汽油，配銷網路調整爲：

・把原先分佈全美四十八州的加油站，縮減爲十七州，減少了百分之六十的配銷點。

・把加油站改爲自助式，改裝家數佔所有競爭品牌第一名，讓消費者完成最末端的供銷動作，降低成本。（參考本章前述，製造部門移駐消費者家中）

・取消信用卡加油，直接把利潤回饋給消費者，每加侖售價便宜三毛五分美元。

・把獲利部門由汽車修理、零件汰換，移轉到加油站附設的便利商店。

由於阿蔻石油公司精確抓住相對的市場空間概念，快速反應，從一九七三年到八三年，十年間，連鎖加油站平均營業額上漲了四倍。

蜆殼牌石油公司則以不同策略因應環境改變，他們瞄準了喜歡刷卡付帳，不那麼斤斤計較每加侖售價的顧客。他們不但收萬事達卡（MasterCard）、威士卡（Visa），連其他石油公司發送的加油信用卡也收，不加收任何手續費.;反觀，別的連鎖加油站則要加收百分之三的手續費。同時，蜆殼牌石油公司也在低成本、無人管理加油站與賣點直接轉帳系統取得領先。

蜆殼牌石油公司的賣場直接轉帳系統，靈感來自JC潘妮百貨（J.C. Penny），每一家加油站裡裝設一個「賣場直接轉帳機」，與銀行電腦連線，消費者選購完畢後，將銀行卡插進「賣場直接轉帳機」，就會直接由消費者的銀行帳戶扣款，再轉帳至加油站的戶頭。這套系統的好處是可以減少收受支票的呆帳風險，也可以減少票據交換成本。

反觀，德士古石油公司（Texaco）還是緊守五十州全部佈點的市場策略，殊不知客觀環境已經改變，要佔住所有的市場區位，代表每一個點的營業量都要增加，才能應付成本的上升。在錯誤的配銷系統下，德士古石油公司的市場佔有率從一九七三年的百分之八，降到一九八三年的百分之五點八。

航空業也是另一個在配銷系統上改變空間形態的行業。同樣受到取消進口石油配額限制的衝擊，儘管載運容量上升，但是景氣下滑導致需求下降，引發了機票削價戰，一九八〇年到八一年間，各航空公司出現赤字。幾家大航空公司移駐大城市，加強開發兩個城市定點往返的航次，同時間也加強票價彈性空間。那時有一家新起的人民捷運航空（People Express）採超低票價供銷策略，如乘客需要托運行李、預訂機位或機上用餐，才視項目額外收費。這種不提供多餘服務的價位策略，馬上讓人民捷運航空卡下市場區位，不幸的是他們後來財務管理不當，而失去了市場優勢。[8]

美國航空則以現有優勢，推出價位合理但高品質全套服務的策略，同時間，也改變供銷系統來強化他們的票價策略，以達拉斯、芝加哥與丹佛做爲三個中樞點，取代傳統的一個中樞點，讓美國航空能夠以同樣的飛機數量，做更多航次飛行。此外，全美共有七千家旅行社使用他們的沙布利訂位系統，他們也是第一家推出累積飛行哩數免費贈票的公司。

上述這些贏家都懂得只經營選擇性的市場，透過配銷系統的改變，仔細評估成本效益，與競爭對手加以區隔。他們的成功值得參考。

用配銷系統爲產品加值

從市場觀點來看，消費者不僅在配銷系統，也從服務或商品本身獲取價值，兩者合一，決定了「供應」的價值。不同的消費者需要不同的「供應」。不管是專爲不同顧客量身定做的產品，或者是大量生產上市的產品，配銷系統都可以讓產品加值。一般來說，配銷系統對量產的商品「加值」空間有限，但對量身定做產品，就有很大的加值空間。

以餐飲業來說，速食的產品內容，人人皆知，而且烹調自動化，消費者不太需要額外的資訊，來幫助他們選擇食物。但是高級餐館就不一樣了，顧客需要侍者的殷勤服務與菜色諮詢，因此是高附加價值配銷系統，再加上針對不同顧客提供不同產品，讓高級餐館與速食店代表了兩種不同市場區位，在這兩個市場區位裡，消費者主動選擇最符合他期望的商品。以成本做直線、選擇性消費者做對角線，就可求出最大的效益。

還有一個市場區位是：即使購買量產商品，也需要特別照顧的客戶群。譬如有些人不願使用自動櫃員機，寧可多花一點手續費，仍然要到銀行櫃台存提款。相對於這種客戶群的是「自己動手做族」，他們是雅痞族，要吃「高級速食餐」，雖僱有經紀商，但也會自己郵購劃撥個人退休金帳戶（HMOs）表格。伴隨著知識與經驗的日增，這種客戶群認爲縮減個人花費，不是改買低價位產品，而是選擇便宜的配銷系統。

矮腳雞出版社（Bantam Books）推出的「立即書」系列，結合了即時生產與配銷創意，把排版、線上購物服務、盤點與金融服務全部結合在一起。矮腳雞出版社可以把一年的出版作業全部壓縮在三天內完成。因此當美國奧運冰上曲棍球隊在週六晚打敗蘇聯代表隊，矮腳雞出版社的《冰上奇蹟》（*Miracle on Ice*）一書，馬上可以在星期四上午鋪貨到各大書店。當然，不是所有作品都需要用「立即書」系統處理，但是讀者、作者、出版業者、書店老闆都希望減少不必要的拖延，尤其拖延泰半是來自配銷系統的尾端。四年前，如果書店要特別訂購一本書，要等六個禮拜才能收到書，現在平均只要四天，未來，將可望縮短爲隔天即到。

儘管產品不斷改變，顧客反應也顯示多元通路的迫切性，但大部分廠商仍然依賴單一的大配銷系統。新競爭者就以改善配銷系統，在同樣的市場區位裡創造出新空間。當我們說「相對性市場空間」，指的是選擇性的產品市場區位，加上適當的配銷系統。如果只考慮實體空間，配銷就會處處掣肘，空間不會成爲資源；如果爲空間重下定義，把非實體的面向考慮進去，配銷系統就會成爲競爭的利器。

數大便是美嗎？

空間觀念的改變來自新的科學認識，然後科技運用才讓產品、服務與市場有了新的空間觀念。在一個「任何時間」、「任何地點」的新經濟時代裡，組織的空間也會隨之改變，尤其是組織「大小」的定義，將有巨大的改變。

工業時代裡，成長意指「量的追求」，如果不強調投資報酬率，企業的成功指標會永遠停留在營收，而非利潤。最明顯的例子莫過《財星雜誌》五百大企業，都是以「大」而非「表現」取勝的大製造業。偏好「大企業」是美國的通病，不過近幾年來，大家開始懷疑「巨大」的價值；而其他衡量企業的標準如價值、品質，逐漸受到重視。

市場派人士總是說，大公司的總體價值遠不如各部門合起來的價值。他們打算控股的公司，都是佔掉太多市場空間，卻沒有等值貢獻，浪費國家經濟力的公司。

企業不免會邁入市場已經沒有新商機的成熟期，面對這種狀況，公司只有兩條路可走，一條是向內再投資，現金配股；但大部分公司傾向向外投資，分散投資到或熟悉或陌生的其他行業。由於要在成熟市場分割大餅很困難，因此大部分公司分散投資，都傾向投注在新的行業，甚至與本業毫不相干的冒險，造成該公司雖然在市場上佔位越大，效能卻越來越低。當這種狀況發生，這個公司也危及大衆福祉與商業景氣。

石油業就是一個例子，市場供過於求，許多產油國還蓋自己的煉油廠。石油業是一個非常資本密集、現金流量龐大的行業，因此向內投資獲利不高。以美國的石油鉅子爲例，爲了解決多餘資金的難題，多數分散投資去市場卡位。它們的分散投資邏輯，有的是選擇同樣資本密集的行業如礦業、冶煉；有的投入資本結構完全相反、高成本、快速消耗現金的行業，如辦公器材業。不管哪一種邏輯，美國石油鉅子的分散投資都不成功，從來沒有一家石油公司想過，應當把多餘的現金回饋持股人，或者縮小市場佔位，讓公司更具經濟效益。

這時市場派人士就進場了，也引發了爭論，市場派人士到底是對美國經濟有利，還是只爲圖利自己？當一個石油公司的資本公積超過公司在股票市場的價值時，其實公司的整體價值眞的不如各個部門合計的價值。如果它的股價偏低，市場派人士買進這個公司，再分部門銷售，或許是好事一件，因爲該公司的經理人並未讓資源徹底發揮。不管何種狀況，也不論市場派人士是蓄意破壞者還是精明的投資客，他們顯然讓很多公司縮小規模。石油公司和許多公司現在被迫花大錢買回股份，造成高股利，也讓股票價值上漲，石油公司的資本被迫吐出到其他獲利更高的地方。當然這也不純然是個好現象，有很多公司爲了保護效能不彰的經營群，被迫大舉買回股份，導致負債累累。

不管哪種情形，**規模已經不是安全的保障**。一九八四年，美孚（Mobil）石油公司年營業額爲五百六十億美元，其中只有百分之十八來自石油開採與生產，百分之六十來自石油提煉與行銷，其他的營收來自零售。但如以獲利率來看，就完全不一樣，美孚石油公司百分之九十一的稅後淨利來自石油開採與生產，其他部門只佔稅後淨利的百分之九。一九八五年，美孚石油公司斥巨資重建蒙哥馬利・華德連鎖商店（Montgomery Ward），這個獲利比率偏頗得更厲害。

就像恐龍把大部分的腦容量都用來維持身體的運作，美孚石油公司也把大部分資源浪擲在無關公司健全營運的部門上。過去經營石油業強調整合，但「分化」或許才是未來潮流。如果美孚石油公司願意縮小，只經營自己最能賺錢的部門——開採及生產石油，只要百億美元資本規模的「小美孚」，運用現有資源的極小部分，就可以創造現在這個「大美孚」的百分之九十的利潤。

許多企業都以知名的「八十／二十比」原則運作，那就是百分之八十的收入來自百分之二十的客戶，爲另外百分之八十的客戶服務，實在得不償失。因爲你必須維持一定的組織規模來衝出業績，但獲利不高，如果以市場佔位比來看，實在產能不佳。我不是建議「八十／二十比」的公司都應當縮編爲百分之二十，剩下的百分之八十人力配置到別處，而是說這樣的公司，未能有效利用大部分資源，都有縮減的空間。

規模誠可貴，收益價更高

一個公司如果資本收益小於資金成本，就很難撐下去。而大部分公司的股權分配也無法大過資金成本，因此某些公司就以舉債擴充，以費用發生來認列所得，無須增加資產就能產生所得。好消息是你可以讓公司擴充百分之一百，壞消息是你永遠拿不回投資。**資產的品質與所得的關係，比公司規模大小來得重要**。

這些金融與經濟的變化直接衝擊到組織的改變。新的組織模型將空間視爲轉變產品、服務、市場與組織的重要資源。縮小公司規模，就是重新衡量一個公司最適合生存的市場佔有率。在一個強調擴充、市場佔有率與營業額決定勝負的經濟體系裡，規模大，才是最適合生存的條件。但如果是在一個高風險，強調投資報酬率的環境裡，組織規模小、成員聰明，能創造較大資本收益的公司，比較有價值。值此觀之，**組織的適當規模不在大小，而在規模與**

收益比。❾以往從生產觀點出發，強調規模經濟，現在如以組織的空間觀點來看，大家反而擔心組織規模不經濟，轉而強調組織的協調。

另一方面，我們有能力區分資產、所得、銷售等財務資源，卻一直無法將「人力資源會計」提升到可以區分資產價值與員工所得貢獻，還是用老套的營業額與員工人數比。「人力資源會計」在七〇年代曾風行過一段時間，後來就消失了，不知道是會計方法有問題，還是當時並無這個需要。如果一個公司成立之初，就有「人力資源會計系統」計算出它眞正需要的員工規模，就不會發生往後需要縮編與裁員的悲劇。

試舉一例：工業時代裡的公司獎勵制度，通常在衡量一個位置的重要性時，是看這個位置統管多少人，負責層級的多寡。反觀在新經濟時代裡，主管階層越能簡化負責層級，就越能獲得獎勵。這種獎勵制度趨近附加價值觀，管理階層不僅要懂得管理人、財務（銷售、利潤、成長）、組織，還要懂得追求這些環節的附加價值。

當一個公司需要人力資源調整時，必須先放在減產的整體結構思考，而不是簡單的裁員。如果沒先找出方法，計算出眞正所需的規模，就盲目地刪減人手，只是緩和劑，不久還會面臨同樣的危機。這就像激烈的減肥餐，如果沒有後續的飲食控制、適當的運動、戒菸戒酒，不久後，肥肉又會回來，人事膨脹也一樣。

組織規模的量子性跳變

不是所有的組織改善都可以藉由「減肥」達成，像法國調味醬一樣，久煮之後剩下精髓。某些行業想要成長，需要的不是縮編，而是在規模上產生量子性跳變（quantum leap）。量子性跳變也是我們常說的策略聯盟。面對是否要進行策略聯盟，最常問的兩個問題是：一、策略聯盟與傳統的合資有何不同？二、爲什麼股份公司拆夥的比例足以和夫妻仳離比美？

策略聯盟與合資事業不同，而如果策略聯盟想比合資新公司成功，必須從整體論出發。下表就是兩者的分野。

電腦與電信業的合併，就是策略聯盟的明證。這兩個行業的巨人，國際商業機器股份有限公司（IBM）與美國電話電報公司，都大幅地重組它們的組織與產業，隨即也改變了它們的市場佔有率。

策略聯盟例一：IBM

IBM一直是個強調「自己動手做」的公司，不信任非自己公司培養的專業人才，不仰賴下游廠商提供便宜的零件，寧可自己生產。過去二十年來，IBM幾乎不曾有過重要的開疆闢土。這一套在一九七〇年代還行得通，因爲當時的電腦使用者必須坐在連結巨大主機的終端機前，終端機的螢幕顯示訊息，把指令發回到主機，主機再用它的運算能力執行指令。整個過程完全「中央集權化」，IBM的企業文化也是如此。

合資事業模式(根據機械主義論)	策略聯盟模式(根據整體主義論)
①兩家母公司是組成要素，形成合資公司，這個第三家公司自成一個完整的主體。	①兩家母公司與第三家公司統統是一個大主體的組成要素，在這個大主體裡，三者互有關係。
②新的主體比組成它的母公司小。	②新的大主體比兩個母公司與第三家公司都大。
③新主體可以擠進現有市場區位。	③新的大主體是一個全新的行業定義，而不是擠進現有的區位。
④成立新公司的目的可能是爲了取得某種單獨的優勢，而與母公司的宗旨無關。	④爲了三者無形的關連而成立。
⑤任何規模的公司都可以合資成立第三家公司。	⑤大主體有新的定義，龐大且功能分化大，即使大公司也無法獨力爲之。
⑥強調各個組成部分的重要性，譬如母公司與成立的合資公司。	⑥母公司與第三家公司的相互連結，才是結盟的目的。
⑦當合資的第三家公司營運得很成功，變成大公司，就不應再是一家合資公司，而應脫離母體成爲獨立個體。	⑦不管是母公司或第三家公司，脫離了在大主體裡相互依存的無形關係後，就失去生存能力。

微處理器的誕生，讓桌上型電腦有運算能力，既便宜、有彈性、有效率，又不受制於主機，但是那時的桌上型電腦無法連線，記憶容量有限，無法快速與主機連線，都是缺點。直到新一代電腦誕生，資訊處理部分才連結成一個全球網路，也迫使ＩＢＭ採取策略聯盟，進而改變了它的組織空間。從此，組織擴充不再是一個純ＩＢＭ內部的事物，而是透過新的聯盟擴充。

電腦與電信合併，產生超大型資訊處理行業，套一句ＩＢＭ老闆艾卡斯（John Akers）的話說：「在這個行業裡，所有東西都與其他東西連線。」在這個新的行業裡，它的組成元素是電腦、兩部電腦間可以互相傳輸資訊的網路、連接電腦的電子交換機、一個可以讓不同品牌電腦理解所有訊息的軟體[10]。把這個超大型行業的各個部分組合起來，也代表重新組合一個組織，和以往標榜的「龐大」不同，這個組織的特色是可以透過聯盟不斷調適。

在電腦部分，ＩＢＭ買下了半導體公司英代爾百分之二十的股份；英代爾是生產個人電腦微處理器的龍頭。ＩＢＭ個人電腦的其他組件再購自其他公司。ＩＢＭ也同意買下銀行家、股票經紀人專用的史特勞特斯整部電腦，然後讓它用ＩＢＭ的品牌行銷；它也透過喜爾仕百貨與連鎖電腦城（Computerland）銷售個人電腦，與自己的行銷點競爭。

在網路部分，ＩＢＭ是ＭＣＩ電話公司的發起股東，控股百分之十八。ＭＣＩ是美國電話電報公司在長途電話業務的最大競爭者，長途電話也是全球資訊網路的基礎。在電子交換機部分，ＩＢＭ先是買下了羅姆公司（Rolm）百分之十五的股份，現在則完全控股。在軟體部分，IBM則貫徹策略聯盟，與喜爾仕百貨、哥倫比亞廣播公司合作開發遍及全美的商業電傳視訊服務網路，提供居家購物、線上金融交易與資訊服務。隨後IBM又與美林公司合作，開發專供股票經紀人、銀行、商界與家庭使用的資訊傳輸與辦公室自動化服務。IBM這樣的策略聯盟還在不斷擴展中。⓫

策略聯盟例二：美國電話電報公司

美國電話電報公司尚未分家以前，是以國內市場經營爲主，因此它的聯盟策略側重拓展國際空間。相對於IBM自製電腦與軟體，但缺乏網路與交換機，美國電話電報公司的策略聯盟需求正好反了過來。在一年多的合縱連橫下，美國電話電報公司有了下列的策略聯盟：

- 歐洲最大的六家電腦公司採用了美國電話電報公司的優尼斯（Unix）軟體操作系統。
- 飛利浦公司在歐洲經銷美國電話電報公司的交換機與傳輸系統。
- 王安電腦爲其生產相容電腦與文件編制標準。
- 買下歐里維帝公司（Olivetti）百分之四十的股份，但仍交由該公司經營。
- 與日本幾家大公司，包括富士通（Fujitsu）、日立、東芝電器、新日鐵與松下電工合資成立一家新的電腦通訊公司，控股百分之五十。美國電話電報公司負責架設跨海傳輸網路，日本公司提供軟體。
- 在新加坡成立一個晶片工廠，製造家用電話。

・與台灣數家公司合資生產數位交換機。

・與南韓的樂喜金星公司（Lucky-Goldstar）合作生產交換機與光纖設備。

・與洛克維爾公司（Rockwell）、漢偉電子公司（Honeywell）與通用資料公司（Data General）交換電腦與交換機的資訊。

・與西班牙的電豐電話公司（Telefonica）合作設計、製造積體電路。

在這裡，我們看到美國與歐洲、日本的大公司聯盟，呈現了全球產業策略聯盟的雛形，其規模與企圖都遠超過六〇、七〇年代的合資模式，後者甚少集結一群企業，共同操作一個大策略，形成一種新經濟時代的新行業。傳統的合資公司，就算經營得最成功的，也很少能對母公司的產品、市場、組織等空間造成衝擊，策略聯盟的目的卻正是如此。在策略聯盟裡的「巨人公司」也需要重新調整組織空間，以調適新經濟時代的需求。

無形組織

不管組織是透過減肥而縮編，或者是透過策略聯盟而擴充，甚至維持原狀，都不可避免要重組內部空間。如果我們將一個整體劃分成幾個部分，部分與部分間的空間，才是聯繫各部分爲整體的元素。由此觀之，空間是無形的。不管是新經濟模型或者是新的組織概念，都將越來越注重「無形」這個觀念。工業時代裡，我們對結構的觀念，就像建築的大樑，新經濟時代的結構觀念卻像原子，側重能量與資訊，而非鋼筋水泥。

工業時代的組織結構，就像蓋房子一樣，講究層級。二〇〇一年的組織結構則像原子，講究相互關係的網絡。佛姬森（Marilyn Ferguson）將兩者的差異闡述得非常精確：

> 網絡是當代組織潮流：開放的系統，分化的結構，完全協調到可以不斷流動、隨時重組，說改變就改變。
>
> 有機模型的社會組織，適應力強、效率高，比傳統的層級制組織更能敏銳感受現代文化。這個網路就像塑膠，有彈性。事實上，組織裡的每一個人都是網絡的中心。
>
> 網絡型組織強調合作而非競爭，具有草根特質：可以自行發動、組合，也會自我終結。它代表的是一種過程、而非凍結式的結構。[12]

在序列階層組織模型裡，我們看到中級階層的萎縮；而在整體論模型裡，則根本沒有中級階層存在。所有金字塔型組織模型都強調中級階層已死亡，讓中級主管憂心忡忡；但在網絡型組織的定義裡，根本沒有中級階層存在，因此有機會可以重新界定「中級主管」所應扮演的角色。當然，組織不可能完全沒有層級存在，但是由序列階層組織轉型爲網絡型組織，最大也最實際的收穫，乃是可以重新定義「誰是中級階層」。

中級階層的傳統定義，是指兩個層級員工的中間層級，新定義則將中級階層設定爲廠商與消費者之間的環節。(見下表)

傳統觀念裡，中級主管在組織層級裡是資深主管與管理人的中間階層。在整體論模式裡，我們傾向將「中級階層」視爲對「廠商／消費者關係」有直接責任的人。這些人的確是「處於中間」，不過卻是消費者與員工的中間階層，而不是兩個層級員工的中間層。⓭

組織內部空間重組的另一個思考面向是，即便在追求擴充的同時，公司的內部結構也可以縮減。儘管序列階層組織是工業社會的主架構，未來也會持續扮演主要角色，但是資訊科技的發展，會使序列階層組織的大小與重要性都遞減。

序列階層組織依據階級、能力與指揮權分出層級，必須向上級報告的層級越多，公司就越階層化，官僚體系就是高度階層化。階層是組織的縱向結構，管轄寬幅則是橫向結構。管轄寬幅意指直接向上司報告的員工人數多寡，理想的管轄寬幅是五到七人，超過這個人數，主管投注在個別員工的專注

誰是中間階層

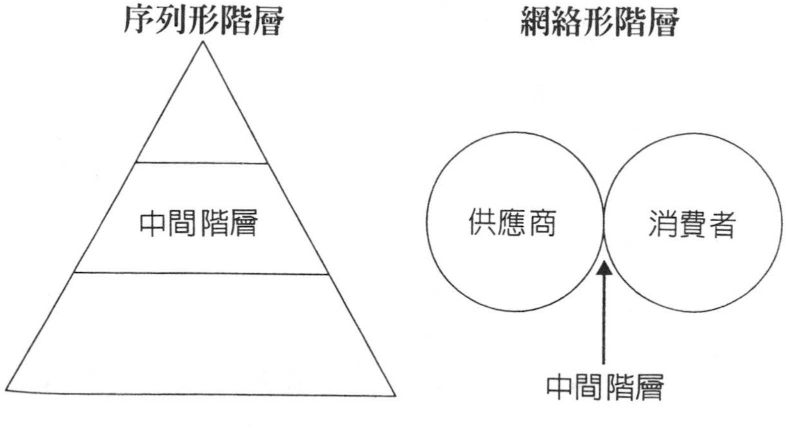

度會不夠，不足以鼓勵他們表現優異。

傳統的組織模型，如果所有相關條件不變，組織的橫面與縱面永遠成反比。如果一個主管統管太多人，中級階層就會產生，管轄寬幅就縮小，組織的階層化增加。相對的，階層減少，管轄寬幅就放大。

階層增多，可使高層主管避免被小事騷擾，但也經常錯失訊息；相對的，階層過少的組織，高層主管可能會被瑣碎消息淹沒。軍隊是一個高度階層化的地方，天主教則階層奇少，在教宗之下，只有樞機主教、主教與教士三個層級。很少有企業能像天主教一樣扁平化，卻不乏像軍隊一樣階層特多的公司；到新經濟時代，兩者的數字將逐漸顚倒，原因如下。

●專家型員工將日漸減少

工業時代的組織模型裡，一個人爬得越高，專業能力累積越強。通常，擁有專業能力與技術的員工只佔一小部分。現在不一樣了，專業知識與能力逐漸移至電腦軟體或「專家系統」(expert system)，隨便一個普普通通的人，只要用電腦連上專門處理有用資訊的軟體「專家系統」，就擁有相等能力。譬如一個推銷員，現在可以在客戶家中，透過手提電腦、內裝在電腦的數據機、插上電話，連線上許多專門的資料庫或相關的「專家系統」，以迅速獲取資訊，幫助完成銷售。這就是「任何時間」、「任何地點」概念的專家服務！

現在公司裡聘雇的專家型員工，包括專門處理資訊的部門，日後都會日漸萎縮。因爲一般主管都可以透過電腦，尋求外界提供的專家服務，而專家服務的收費，在市場行情競爭下，絕對比公司自己養一個專家便宜得多。基於成本因素，現在很多工作都移到國外完成。譬如美國航空聘用國內的電腦輸入員，一個小時工資是九美元，因此他們每天將一千一百磅的文件資料，空運到巴貝多，那裡的輸入員一小時工資才二點二美元。巴貝多的輸入員將訂位資料鍵入磁帶後，再透過衛星傳輸，發送回美國航空位於土薩市的中央電腦。

儘管「未來型組織」技術已臻成熟，但是我懷疑未來十年內「未來型組織」會廣被採用，因爲每個公司都會有一些抗拒效率的人士，就像國家會用保護關稅來抵抗外力一樣。如果想要實現「未來型組織」，我們必須改變視資源爲阻力的舊有思惟方式。

●專家面臨市場萎縮

專家人士也面臨市場萎縮的困境，以往他們可以提供的知識，現在輕易被各式「專家系統」軟體取代。但是如果他們將這種「未來型的技術」視爲提供服務的新工具，將可能化危機爲商機。

心理評估測驗就是一個例子。以前需要做心理評估測驗的公司，都將這個工作轉包出去，承包公司將成本過高的面對面訪談評估，轉化成評估量表，取得規模經濟。在這之後，心理評估測驗的技術停滯不前，直到現在的「互動測驗」才有了突破。靠著「專家系統」軟體，加上網路相連的微電腦，心理評估測驗可以同時擁有面對面訪談的深度，又符合規模經濟，這就是「任何時間」、「任何地點」的精神。心理醫師在門診時，也藉助類似軟體爲一般的精神病患治療。保健組織（HMOs）買了原型軟體，後來評估它的效果比傳統的初診還好，成本也便宜了四分之三。

一個有企圖心的領導人，只要利用新科技所創造出來的「任何時間」、「任何地點」方法，不管他身處哪一種行業，都可以讓組織轉型。但是一個領導人大概得花十年的時間，才能讓組織緩緩慢改變至成熟，他的下屬則需要花更長的時間去適應新組織。這之間的落差，倒不在成本的考量，而是對絕大部分的公司而言，促使組織改變的科技不過才剛剛成形而已。

一旦新科技所催生的產品與服務度過初步成長期，改變就會向下流動到組織的部分。我們只要看看新科技如何消除時間、空間、物質所造成的限制，就知道它們將會先使產品、服務產生變化，進而是製造部門與流程，最後才是組織。在這之前，我們必須想像組織可以變成一個「智慧現象」，超脫時間、空間與物質的束縛。

讓對立的事物並存

首先必須擺脫傳統組織一定面臨的兩難——自由與紀律。每個組織都需要萌發於直覺的自由，來帶領公司創新；但每一個組織也需要根植於智慧的紀律，來保障公司效率。但這兩者可以相容嗎？組織通常是以部門專門化來滿足自由的需求，這是組織分權化的最後目標；而把對紀律的需求轉化爲各部門間一致的行動，也就是中央集權的最高理想。

分權／集權爭論的最大問題是，你越深入理解其中一方的好處，就越不可能受益於另一方，讓工業社會組織陷入「非黑即白」困境。以專門化來說，首先必須界定哪一個部分要專門化，是功能、產品、領域還是市場？然後根據策略性需求，排出優先順序，如有必要，再在每一個項目下細分優先順序。這樣的思惟，否定了一個公司可以同時在兩個或三個層面進行專門化。

新經濟時代的組織模型可以讓分權、集權同時並存嗎？可以讓多部門同時專門化嗎？答案是可以的，或許不是一蹴可及，但是技術已經有了，只是我們不懂得利用立體觀念，同時間觀看組織的好幾個面向。

本世紀初，物理界在爭論光的本質時，首先發現了對立的東西可以同時存在。愛因斯坦利用「光電效應」證明了光是由粒子組成，而一個世紀前，楊格（Robert Young）用「干涉圖型」證明了光是由波組成。這兩個實驗都對，但是互相衝突，誰也不能證明誰錯了。

這項爭論導致物理界開始放棄「非黑即白」的態度，開啓了量子力學與相對論領域，彌補了牛頓的機械論。沒有科學新觀念導致的新科技，很多新產品根本不可能問世。這個科學新觀念就是接受兩個互爲矛盾的現象可以同時並存，我們並不需要去解決這個矛盾。

西方的管理哲學還未能將這個觀念融入管理模式中。只要我們還停留在「非黑即白」的觀念，我們就會持續視組織爲「無法同時達成兩個目標，只能求取平衡」。

有一個故事最能說明：一個喜歡美食與智慧的國王沒有繼承人，決定把王位傳給能夠做出「冷熱兼具」食物的人，大部分的人都覺得不可能，但是比賽的第一名發明了「熱軟糖聖代」，第二名的自創美食取名叫「熱烤阿拉斯加」。懂得調和矛盾的人贏得王位。

管理階層要採用新經濟時代的組織模型，須先有觀念的轉變。史龍在一九二〇年代提出的組織結構概念——作業系統分權化，決策與財務控管中央集權化，正是多元論模型的第一步，較近的一個失敗嘗試叫做「矩陣管理」。

「矩陣管理」推翻一個員工只有一個頂頭上司的舊觀念，讓每個員工同時有兩個、三個頂頭上司指揮。「矩陣管理」認爲，同時組合運作兩、三個面向（功能、產品、領域、市場）是可行的，各個面向會互蒙其利，不會互相排斥。套用政治運作爲例，就是以權力平衡取代序列階層的指揮系統。七〇年代「矩陣管理」風行了一陣子，但始終未臻化境。現在仍有一些公司採用「矩陣管理」，但並不普遍。⑭

網絡型組織

到目前爲止，還沒有其他的組織模型嘗試以「接受矛盾」取代傳統的序列階層制；未來最有可能的是「網絡」。「網絡」概念的產生是爲了抗衡組織管理的古典理論，古典理論強調序列階層，致力於追求橫面「管轄幅度」與縱面「報告層級」的平衡。

而「網絡」強調人際關係與非正式組織，也就是在一個組織裡，人與人建立一個非正式的網路。舉例來說，在一個官僚體系裡，欲善其事，靠的是非正式接觸，而不是照章行事。換言之，「網絡」的概念是讓組織的不同部分可以接觸，完成工作。

在資訊科技時代裡，「網絡」有了更多的意涵，除了以非正式的人際網絡達成接觸、完成目標外，還要仰賴資訊處理系統的科技網路。資訊系統使我們避免序列階層的「非黑即白」困境，也讓各個部門可以同時地、平等地構成一個完整的主體。

不管是社會網絡或者資訊網絡，都可黏合互不連結的各個部門。人際網絡是爲了克服序列階層造成的空間束縛，資訊網絡則視序列階層與空間限制如無物，讓世界任何角落的人，都可以跨過空間與序列階層限制，更快速更直接地與另一個角落的人溝通。**電腦網路的科技發展不僅克服空間束縛，也打破了序列階層的限制**。

在舊的序列階層組織裡，資訊若要在不同指揮系統的不同層級流動，必須先反映到一個共同主管，然後才能向下抵達。再要不然，這個資訊也必須抵達橫面組織與縱面層級的連結點才行。譬如一個銷售員想反映顧客的想法，必須先向銷售指揮系統報告，這個報告再上呈共同的管理部門，然後才會下達改善命令到生產部門，通常都已經太晚了。較好的狀況是，銷售指揮系統的主管可以直接提改善意見給生產部門，不過這也是以「非正式管道」來克服系統的重重限制。

但是資訊科技就能以「正式方法」來克服上述組織限制。不管是組織的結構或者系統，目的都在讓各部門可以更緊密連結。系統部分已經逐漸由傳統的序列階層，邁向強調網絡關係，但結構部分則未見改善。「矩陣管理」的失利，證明了以人爲主的結構整合不可行，但是奠基於資訊科技的「電子矩陣」卻很可能成功。

譬如說「資料庫」原先的設計概念也是序列階層制，如果你要以學生、班級與教室的資料建立一個資料庫，必須先決定哪一個項目是第一個搜尋項目，何者又是第二、第三。如果順序是班級、教室、學生，要在資料庫裡搜尋某特定學生，譬如強尼，就可能會走進無數死巷，最後才找到。

但是新的資訊結構讓你可以瞬間找到強尼，因爲儲存在半導體記憶體的資訊，能夠以任何序列搜尋，和它儲存的位置無關。換句話說，以前的「資料庫」將班級、教室、學生視爲一個整體裡的三級，現在的資訊處理則將強尼同時隸屬於三個層級，瞬間即可搜尋出來。

電子資訊處理系統讓整體裡的各個部分可以直接互相溝通，序列階層組織就做不到。凡序列階層組織所剝奪的，網絡卻以更快速度達成，讓每一個部門可以同時互相聯繫，也讓組織可以結構分權化，同時又讓系統運作集權化。

網絡型組織不會取代序列階層組織，也不會互補，但兩者會在一個更大的概念下取得交集。面對現有的經濟結構，我們距離建構一個適當的、含括兩者特色的組織模型，還有漫長的路要走。至少，我們知道應當重新定義空間，透過科技發展，讓空間由束縛變成資產。

注釋

❶儘管工業設計越來越常利用全像攝影術，但在商業用途上，它始終不曾被廣泛運用，最有趣的運用，一如我在本書序論裡所說的，是「虛擬實境」。配備上護目境、手套、穿上全副武裝，玩家會被投射到一個三度空間裡，動一動，環境就跟著變化。許多電玩店都有「虛擬實境」遊戲。我最近曾在紐澤西的圖書館學中心玩了一場「虛擬實境」的籃球賽，訝然發現，空間、籃球、球場與對手都迅速地變成眞實得不得了。發展得最成熟的「虛擬實境」技術，可能是模擬飛行器。

❷過去幾年，強化產品的速度更快。譬如以前電信公司還專注於提升電子計算能力；現在則轉爲提升頻寬，讓聲音、影像、資料可以在網路裡移動。這個發展方向目前尙無障礙，但是企業必須自問：如果無限頻寬的世界眞的誕生，他的企業在這樣的世界裡又應如何表現。

❸這確實是過去十年的發展。現在電影娛樂工業已經開始設法繞過電視、錄影機與錄影帶出租店，讓消費者透過電話點播電影，再用線路傳送到消費者家中。

❹無線電話與行動電話的發展遠超乎大家預期。開發中國家特別傾向發展無線電話，因爲可以省下埋設數百萬哩長電話線的麻煩。而一九九六年初，摩托羅拉也開發了一種僅有數盎斯重的行動電話。

❺電子貿易正開始發展，未來十年內，將會變得非常普遍。二十年內，大部分的金融交易都

將是線上金融交易。

❻將製造最後一環移駐到消費者手中的觀念尚不普遍，並非技術不可行，而是觀念上無法接受。無論如何，這個潮流無法可擋，未來十年，廠商與消費者之間的界線會越來越模糊，消費者在生產與服務製造上的角色將越來越重。

❼一般家庭與辦公室裡的晶片比鉛筆還多。

❽現在的低票價冠軍是西南航空（Southwest Airlines），同樣是以最低票價提供基本服務，額外服務另外加價，但是該公司的財務控管非常嚴格。

❾營業額／員工比是近年比較流行的財務計算公式。一家公司的最高境界是員工數爲零，營業額無限。當然這是純理論假設的極限，但是每家公司都應努力追求營業額與員工數比的極限。

❿資訊處理行業的組成要件現已略有改變，內容成爲最重要的組件，有人還說「內容是資訊之王」。電腦業所謂的內容是指任何儲存於媒體內的資訊，包括印刷品（書、雜誌、報紙與圖書館）、娛樂（收音機、電視、電影與音樂）、軟體（其中以文書處理軟體與試算表程式爲主力）。負載「內容」的管線是第二個組件，有人說「管線創造了國王」。管線這個行業裡包括電話、電纜、電信配備、廣播與電視播送、網際網路、新企業網路（intranet）、區域網路與廣域網路。第三個組件是用我們用來傳輸與接收資料的配備，包括電腦、電視機、電話以及其他電子產品，也包括內部的組件譬如半導體。有人則認爲資訊處理的三大組件

爲內容、電信與電腦，而把軟體視爲電腦的配件，電話視爲電信的配備。美國電話電報公司新近分家爲三個公司，顯示了管線與配備是兩種性質相當不同的領域。也有一些人將資訊處理業分爲五大部分：內容、電信、電腦、配備與運用。

⓫資訊處理業的策略聯盟是明顯趨勢，聯盟方式可以是同性質公司的合併，也可以是跨領域的聯盟。譬如華納集團與時代集團的合併，就是兩大生產「內容」的公司的策略聯盟。其他生產「內容」的公司如迪士尼就與有線系統業者聯盟，買下美國廣播公司。一旦限制解除，電話與電纜公司也很希望儘速合併。電話公司經營的是雙向傳播，而電纜則可以帶來高品質、寬頻多媒體，兩者都在尋求如何能夠同時傳輸聲音、影像與資料。當ＩＢＭ買下蓮花電腦，是在尋求一種可以連上網絡的軟體。

⑫見佛姬森的著作（*The Acquarian Conspiracy : Personal and Social Transformation in the 1980s*, Los Angeles: Tarcher, 1980）。

⓭一個組織越趨向網絡型，組織的邊界越容易穿透，組織也就變得易於了解與管理。目前組織管理多專注在內部，未來，跨組織管理將日漸重要。

⓮矩陣管理並非消失，但是它也無法達成「魚與熊掌兼得」的目標，同時管理運作兩個面向。某些公司現仍採用矩陣管理法，一九九〇年代中，福特汽車就以矩陣管理作爲公司跨進公元兩千年的計畫主軸。儘管矩陣管理信仰者不絕，但是矩陣管理式的組織不會成功，因爲我們是在錯誤的經濟活動層級裡運用矩陣管理觀念。就我來看，矩陣管理不適用於企業這

個層級，比較適用在經濟部門這個層級。譬如，一個公司向外尋求專家系統或專家協助服務，就形成了一個超組織的產品——功能矩陣。矩陣管理的春風吹又生，或許可以在跨組織這個領域裡找到健全的發展。

4

投入與產出均將無形

無物質

商品同時存在於時間與空間兩個面向，

服務則只存在於時間這個面向。

如果你對新經濟感興趣，

就把重心放在物質的無形面；

如果你對新的管理形式感興趣，

就把重心放在產業與組織的無形面向。

「什麼是物質?」

「別管它。」

「什麼是心靈?」

「無物質。」

如果說愛因斯坦的質能互換公式 $E = mc^2$ 適用於全宇宙，而企業管理是宇宙的一部分，這個公式又能給我們什麼啓示?如果將公式移項，變成 $m = E/C^2$，我們就知道，質量不過是能量減速至我們能夠理解的速度。如果你對新經濟感興趣，就把重心放在物質的無形面;如果你對新的管理形式感興趣，就把重心放在產業與組織的無形面向。

新經濟時代裡，物質不再那麼重要。產品的附加價值會漸漸落在無形面上。就如行銷專家賴維特(Theodore Levitt)所言:「不管工廠生產的是什麼，市場上人人都在銷售無形商品。」服務經濟正逐漸瓦解物質的重要性。

以貨幣爲例，它是價值在市場交換的中介物。經濟時代不同，價值交換的中介物也不同，工業社會以前用貴重金屬，工業社會是紙鈔。到了後工業時代，價值交換的中介物轉趨無形，例如線上轉帳系統(EFTS，electronic funds transfer system)。萬事達卡上有64K的隨機存取記憶體晶片，可以儲存各種金融訊息。現在你去看醫生，不用開支票付費，信用卡就可以電子方式處理所有金錢資訊。

農業時代的刮鬍刀是剃刀；二十世紀初，美國商人吉利（King Gillette）發明了工業時代的安全刮鬍刀；而拋棄式刮鬍刀則是後工業時代的無物質產物。在攝影業裡，相機與底片業者激烈競爭，看誰最能開發無物質產品。

一如拋棄式刮鬍刀，富士公司也發明了一種售價僅七美元的拋棄式相機，可裝入35釐米、感光度四百的底片，拍完即丟。這種拋棄式相機在日本已賣出數百萬台，並在今年進軍美國。柯達公司雖然擁有相同技術，卻埋首於舊有的工業時代思惟架構，未能預見無物質時代的來臨。兩相比較，富士公司把無物質視爲資源，勇於主動攻擊；而柯達公司漠視無物質時代來臨，屈於保守被動。❶

日本佳能公司則朝另一個方向發展無物質產品，他們是第一個開發「免裝底片」數位相機的公司。儘管數位相機仍缺乏價格競爭力，攝影品質也未臻善境，但總有一天它會完全取代底片。不管哪一種發展，新經濟時代裡的攝影都朝無物質方向發展。

新式旅館房間鑰匙也是另一個無物質產品例子，以前的鑰匙是金屬製品，價值只等於它的金屬價值。新經濟時代裡的旅館鑰匙變成磁卡，質輕卻價高，因爲它既輕巧，又可以每換新房客就更新密碼，增加安全隱密性。

從看得見到無形

每種產業都有無形面，新經濟時代裡，它的比例會漸增。我們應全面理解無形面的重要性，否則將始終認爲它不過是經濟體系的一部分，而不是全部。過去十年，我們逐漸感受到兩者的分野，但仍是學術圈比企業主管更重視經濟的無形面。從現在到二〇〇一年，無物質的重要性將成爲我們思惟與計畫的一部分。注重無形面的企業主管，不管是在組織管理或市場上，都將比其他主管佔優勢。❷那些只在乎有形面的企業，未來在經濟體系裡將越來越沒有價值。

商品與服務都可以是無形的，由於服務業主宰現今經濟，我將側重於討論服務的無形面。不管是商品或服務，**如何分辨到底無形面是你的產業核心還是外圍，將大大影響你的策略發展。**

新經濟時代裡的產業與工業時代不同，它們越來越趨向把無形的資源，配置到無形的商品與服務上，以因應日趨無形的市場。新經濟時代裡的消費者並非不再需要有形商品，而是對無形商品與服務的需求日增。除了這類商品與服務的成長外，商品無形面的附加價值也將超過有形面。我並不是要鼓吹什麼潮流，這是事實發展，企業主管最好將這個觀念融入管理與組織中，因爲它們也會日趨無形化。

我們都很熟悉如何配置有形資源（人力、資金、器材），來生產有形商品（食物、汽車、房子）與有形服務（旅館、電話、清潔工），供銷到一個有形的市場區位裡（中產階級男性專業人員、郊區青少年運動員）。

相較之下，我們不太清楚如何配置無形資源（心理、時間、資訊），來生產無形商品（軟體、廣告、投資）與無形服務（個人採購代理人、健康、教育），以供應無形市場區位（保守派、衝動派、牆頭草派）的需求。

事實證明，我們不太知道如何處理產業的無形面，更糟糕的是，我們連無形的組織意指何物也不甚了了，更缺乏這方面的管理概念與理論。如想發展無形組織的管理工具，張德勒（Alfred D. Chandler, Jr.）的普立茲獎得獎作品《看得見的手》（*The Visible Hand*）是一個很好的入門。這本書探討美國企業的管理革命，解釋企業如何取代市場機能，分配資源並協調工業社會的經濟活動。張德勒說：「在很多經濟部門，管理的那隻可以看得到的手，取代了亞當・史密斯所說的市場那隻看不見的手。」③

根據張德勒的觀察，經濟形態的改變會導致管理與組織型態的改變。工業社會初期強調市場的外在影響力，末期則側重管理的內部力量。對張德勒而言，初期的外部影響力是「市場看不見的手」，後期的企業內部管理的影響力則是一隻「看得見的手」。換言之，經濟形態的初期，影響力比較模糊、抽象、不具體，必須到了經濟形態成熟了，發揮影響力的那隻手才會清晰可見。我們現處於新經濟的初期，正在體驗由工業社會後期「看得見的手」，邁向新經濟時代「無形」、「看不見的手」。我們可以預期，到了二〇〇一年，新經濟成熟了，那隻看不見的手將會較爲清晰。

看不見，但非常重要

目前大家常用的產業類別表格，是美國商務部經濟分析局（Bureau of Economic Analysis of the U.S.Department of Commerce）所設計的SIC表（如下頁表），意指「產業標準分類」（Standard Industrial Classification）。現在來看，SIC表的設計有不少錯誤，很多行業已經不適合概括在工業類下了。

譬如你是律師，如果在通用汽車公司上班，職業就歸類在工業類；但如果你自己開業，而通用汽車公司是你唯一的客戶，你的職業卻是服務業。換句話說，工業公司的員工，即使在服務部門上班，也會因公司的屬性被歸類在「工業類」，顯然分類方法非常不正確。史丹貝克（Thomas Stanback）曾估計，全美約有百分之五的國民生產毛額來自製造業總公司的行政部門，稱之爲生產者中間服務（intermediate producer services），意指此類附加價值是在公司內被消費，而不是到了消費者那一環才發揮作用的附加價值。

以IBM來說，生產部門的員工不到兩萬人，僅佔它全球四十萬名員工的百分之六，卻依然被SIC歸類在工業部門。[4]

現今的產業結構有三大變化同時發生。**第一，製造業人數不斷滑落；第二，製造業裡的服務部門的員工人數不斷上升；第三，把產業粗分爲製造業與服務業，越來越沒有什麼道理。**老實說，工業已經越來越不「工業」，奇異電氣（General Electric）、波華納公司（Borg-Warner）

美國農業、工業、服務業人數比例與國民生產毛額比例

年度	部門	人數比	國民生產毛額比
1865	農業	48%	22%
	工業	14%	22%
	服務業	38%	56%
1929	農業	8%	9%
	工業	37%	28%
	服務業	55%	63%
1945	農業	4%	9%
	工業	39%	35%
	服務業	57%	56%
1985	農業	2%	2%
	工業	21%	28%
	服務業	77%	70%
2001	農業	2%	3%
	工業	5%	24%
	服務業	93%	73%

的三分之一營收來自服務部門，而西屋電器服務部門所創造的營收，更高達一半。

我們對如何測量服務的產出價值有很多錯誤觀念，方法也不對。每一項產品的完成，必然包含服務的成分，但是傳統的國民生產毛額會計系統卻只側重「有形商品」的價值，商品的無形面價值完全沒有估算在內。就如派克（Michael Packer）所言，工業技術側重「產出的效率」，但是新經濟時代應當側重「結果的有效性」。

儘管過時的產業分類方式低估了服務部門，但是全美四分之三的勞動人口依然落在服務業，如果我們的會計系統更精確一些，服務業人數還不止於此。根據前頁表中這種過時的分類法，到了二〇〇一年，各產業別的就業人數／國民生產毛額比會更形荒謬。由此可見，如果一個類別已佔全部就業人口的百分之七十五甚或百分之九十五，產業分類似乎已經沒有多大意義與用處了。

我們需要改變觀念，那就是不管農業、工業或者服務經濟時代裡，都會有農業、工業與服務部門同時存在，重點是新經濟時代裡，服務將在各種部門都扮演最重要的角色，而不是只存在於服務業。就像工業技術曾在機械化農業扮演重要角色，新經濟時代裡，服務也將在工業部門扮演舉足輕重的角色。不管是建議你購買何種產品、指導你如何使用產品，或者是產品壞了提供售後服務，這些服務在今日經濟裡所佔份量遠超過以往。美國外務員主管協會（Association of Field Service Managers）的一份研究報告便指出，製造業裡的服務部門如果運作良好，產值約可佔到百分之三十。

知識即力量，資訊即價值

馬克思是繼亞當・史密斯之後最重要的經濟學家。馬克思認爲，階級決定於「是否控有物質生產的工具」，相較之下，非物質與無形的生產都不重要，他完全不能預見，後工業時代資本主義會越來越重視非物質與「無形商品」的附加價值。繼馬克思之後，最重要的經濟學家是凱因斯（John Maynard Keynes），他也是後工業時代第一個重要的理論家。凱因斯提出的赤字支出理論，亦即花用尚不存在的錢來刺激景氣，無疑更進一步將我們推進了無形經濟時代。下一個偉大的經濟理論有待重大的觀念轉變，那就是**在新經濟時代裡，不管是投入（資源）或產出（商品與服務），都會越來越無形**。

一般產業裡，資源就是資產，可以直接或間接用來創造商品或服務。工業經濟裡的資源多是有形的物質，而新經濟時代裡的資源則多是無形的、無物質的，儘管未必是「非物質的」。

無論哪種經濟形態，物質都有兩個層面。第一個層面是物體屬性，亦即實體；第二個層面是經濟屬性，亦即有沒有價值。在工業時代的經濟模型裡，有價值的物質通常一定是有形的，連口語「實實在在的人」、「牢靠的公民」，都是把價值與有形兩個命題連結在一起。儘管這兩句話也是對個人價值的稱許，但如要適用到評估個人的生產價值，這一套思考邏輯就大大不合適了。

我要再度強調，一如工業經濟模型強調有形、實體資源的重要性，新經濟時代必須區分無形的「人力」資源在銷售、資產與所得上的貢獻，因爲有形的商品與服務將逐漸不值錢，而無形的商品與服務越來越有附加價值。譬如電腦以前價值極高，現在不過是普通商品，附加價值在於無形的軟體設計、輔助使用者解決問題的能力與服務。電腦會越來越像電子計算機，實體部分不過是便宜的手段，用來完成無形的、更具價值的目標。[5]

無形的附加價值中，有一大部分是知識的資產價值，它來自員工的技術資料庫。未來，產業會越來越傾向把資金分配在無形的部門如知識工人上。另一方面，知識的資產價值也存在於消費者的技術資料庫，譬如美國的電腦服務公司（CompuServe）就有一千五百種不同的資料庫，可供二十五萬個訂戶線上購買。透過個人電腦，電腦服務公司投資無形資產，消費者投資固定資產。如此一來，該公司從兩個方面改變了資產的性質，第一，他們將有形資產轉化成無形的資訊；第二，把固定資產的投資移轉到消費者身上（如〈任何地點〉一章所言，把生產的最後一環移駐消費者家中）。

奠基於新科技的商業體系比較有辦法減少固定資產的投資，海斯凱特（James Heskett）說：「全世界的產業都開始以資訊取代資產，任何一種可以減少財產目錄的設計，都有這種特徵。」

此外，有形資產會折舊、報廢，同樣的，企業也要把「人」這個無形資產的折舊算計在內。在一個走下坡的企業裡，無形資產「貶值」的速度與有形資產一樣快。公司或經濟轉型的調整成本，除了折舊清單、關廠外，也包括人員再訓練與遷廠。

有形資源通常是「有竭的」，資訊卻「用之不竭」，這也是新經濟時代裡最大的附加價值。工業經濟最主要的燃料是碳氫化合物，新經濟最重要的能源卻是資訊，知識則是這種能源的最主要產品。有形資源有成長極限，但學習與再生能源卻完全沒有成長極限。

如果我們在一個有形資源裡加入越多資訊，資源就越有價值。經濟學者霍根（Paul Hawken）甚至將資訊擴大到所有的部門，他說不管是餐館的氣氛或者是混凝土的強化價值都是資訊。價格、品質、設計、使用、技藝都是商品資訊的一部分。霍根說：「最明顯的趨勢就是產品的物質／資訊比產生了變化。」

這個簡明的句子表達了工業經濟以物質爲基礎，服務經濟卻轉型爲以資訊爲基礎。擴大霍根的物質／資訊比，我們可以得到下面這個公式：

商品與服務的價值＝資訊／物質

鋼鐵含有大量的物質但很少的資訊，相較之下，電腦晶片物質很少，卻含有大量資訊。照霍根的說法，如果一張紙塗上顏料，它就含有較多的資訊，因而也較具價值。

我覺得最了不起的「去物質」概念，是MCI電話公司的「電子盎斯」口號。美國郵政以郵件重量計費，標準的一盎斯重郵件收費二十五分。MCI電話公司就用這個觀念與郵政服務競爭，打出口號說，同等重量的郵件，如果改用電子傳送，快得多也便宜得多。它的「電子盎斯」競爭基礎，在於以同樣的價格卻可傳送更多「無形資訊」。

資訊通常都被當作中間財貨，但在資訊業除外，因爲製造「可傳輸的知識」是資訊業的生產目標。商品與服務的產製過程中，大部分的資訊被當作工具、支援或媒介，但伴隨著商品與服務的無形面價值比例上升，資訊會成爲越來越有用、越來越受重視的「最終商品」，不再只是個中間財貨。

服務：只存在於時間面向

我們再解釋得清楚一點，產品是構想的形體化，而服務是以「無形的形式來實現構想」；商品同時存在於時間與空間兩個面向，服務只存在於時間這個面向。由於服務的無形，它無法被儲存或列在型錄裡，必須在服務時才能執行，因此服務的生產、送抵與消費幾乎是同時發生。從顧客的觀點來看，服務是在送抵、完成的那一刹那才存在。舉例來說，從廚師的觀點來看，一道佳肴是在烹飪時（即生產）就存在；但在顧客的眼中，卻要吃到嘴時（送抵與消費）才存在。

服務的生產、送抵與消費同時並存，提醒我們「品質保證」必須在產品製造前就做到，而不是之後。此外，我們也不可能用「樣品」來展示服務的內容，儘管一個顧客可能看到別的顧客得到什麼服務品質，但那是間接經驗。買車前我們可以先試車，但是你沒辦法「看病前試用醫生」，或者安裝電話前「試用電話公司」。銀行家或房地產掮客也不會提供「不合退費」的保證。由於服務的無形性，你必須親自體驗它，也無法試用它。

・服務無法庫存

儘管如此，製造者還是可以先行試驗自己提供的服務，譬如調查浮動利率抵押貸款的市場接受度有多高，但是貸款者卻無法試用一下好壞，再決定要不要這種貸款。無形的服務必須直接體驗，但通常服務送抵時，也就同時被消費了。換句話說，無形的服務無法庫存，也無法被消費者當「二手貨」出清。

・服務必須滿足消費者

另一個重要的分野是，服務必須有人執行，他與消費者的社會互動，讓消費者也成爲生產服務與服務品質的一環。因此無形的服務有一種強烈的經驗主義特性，如果消費者有負面感受，就是「不好的服務」。

服務是好是壞的差別在：服務人員究竟只是完成工作，還是努力滿足消費者的需求。就服務本身的定義來說，其實是一體兩面，消費者的需求未曾滿足，服務的任務就不算達成。不幸的是，兩者有很大的不同，也代表了服務取向與非服務取向的差異。

你我都有過這種經驗，要求侍者或空中小姐幫你端杯咖啡，他（她）說等他（她）做完了甲事，或者先忙完乙事、丙事，馬上就爲你端咖啡，給你一種感覺，要不是顧客一直煩他（她），他（她）一定很有效率。這些人把內部系統看得比外部來源（即消費者）還重要。

・服務不只是服務

當服務成爲新經濟的骨幹時，我們會越來越清楚「服務不僅是服務」而已。史丹利工具公司（Stanley Tool Company）的故事最有名，該公司的顧問告訴員工說：「你不是在賣鑽子，而是在賣洞。」有形的商品是用來滿足無形的需求，專注於目的，手段隨時可以跟著最新科技而變。早期的鑽子是機械式，後來有了電鑽，再來會是用什麼技術鑽出最好的洞？很可能是雷射。到了二〇〇一年，雷射鑽子很可能上市了，不擺在傳統的五金行販售，而是擺在新興的「軟式工具行」販售。

歐里維帝電腦公司素以設計品味聞名，設計以前意指硬體造型，但是消費者買電腦不是爲了它好看，而是爲了執行軟體。歐里維帝電腦公司現在的挑戰是如何設計出有品味的軟體，套一句該公司高級主管的話說：「不是好看，是好用。」也就是將功能與無形的品味結合起來。歐里維帝電腦公司一向對人體工學很感興趣，以往人體工學多應用在硬體設計上，未來很有可能會應用在軟體上。❻

・服務的互動越直接越好

此外，不管商品如何優良，消費者如果對服務有負面感受，將會有不良後果。不管是有形商品或無形服務，消費者的感受經驗都很重要。我們不妨想著服務也是一種社會活動，消費者與服務人員的情緒、價值觀、感受、態度、期望都共同左右了服務的品質，互動不良的機率其實很高，因爲品質與價值都是主觀的感受。

簡單的原則是：介於生產者與消費者間的人越少，消費者越可能滿足，這是因爲消費者不僅購買、使用商品，也參與了服務的互動。互動越直接，就越能打破消費者與生產者之間的區分。這也是托佛勒在《第三波》（*The Third Wave*）一書裡發明「產消合一者」（prosumer）一詞的意思，生產者與消費者的角色已合而爲一。

新經濟時代最正面、最有創意的特色，是讓消費者擔起生產者的部分角色。但是大公司常抱持完全相反的負面想法，認爲線場組織（line organization）是幕僚組織（staff organization）的顧客，這是早期工業時代的遺毒。

事實上，**公司只有一種顧客**，那就是市場上的顧客，不管他是一位消費者還是一家公司。通常一家公司只有小部分的員工直接面對消費者，其他員工則習慣性認爲同事是他們的「顧客」，幕僚組織尤然，他們的座右銘是：「我們是爲線場員工服務的。」我曾經替十數家公司做顧問，發現他們的員工不時會提到「內部客戶」這種字眼。當然，服務取向擴及全公司不是件壞事，但如果一家公司的員工把同事當成顧客，就會失去做生意的眼光，因爲他們把組織放在第一優先。

大公司裡，一個員工可能須透過四到五個環節，才能接觸到線場員工（即直接負責消費者的員工）。所謂的「內部客戶」服務觀念，會被重重關卡稀釋，以致任何行動都對最終的滿足消費者需求起不了作用。就算有任何作用，組織的複雜性也讓我們無法評估「內部客戶」服務取向的價值。

一些服務取向的公司提出了名言：「如果你不是正在爲顧客服務，最好趕快去服務顧客。」這是好態度，它減少了組織層級，直接把行動放在服務上，但焦點仍然不是放在顧客身上。

對那些不直接負責消費者的員工來說，較好的服務態度是對線場員工說：「我要如何協助你服務顧客？」如此一來，不管他與消費者之間還夾著多少層級，都可以發揮出眞正的服務取向。如果一家公司的員工，不管他（她）是擔任何種工作，都把心力放在服務「市場上的顧客」，都懂得問：「我要如何做，才能滿足市場顧客的需要？」你想這家公司會有多強大？

顧客與員工：同時優先

工業時代的經濟模型側重生產者；後工業時代模型要求我們側重消費者；新經濟模型則要求我們把生產者與消費者的關係，視爲最重要的面向。一家好公司不是「顧客第一」或者「員工第一」，因爲顧此失彼；**好公司的定義是「整體論主義」，把顧客／員工關係放在第一位。**

機械論關係裡，顧客或員工勢必要有一個優先順序，「同時優先」是互爲矛盾的。但是整體論不把顧客、員工視爲兩個對立的主體，而是互相連結成一個大主體，所有的現象都是兩個看似對立的主體在連續互動後的結果。⑦如果我們聚焦於關係的本質，生產者與消費者間的傳統緊張關係與分野，其實可以在一個大主體的交集裡獲得解決。

我不是強調服務業比製造業重要，兩者在新經濟時代裡一樣重要。但是就像工業時代的產業服務功能是以生產部門爲中心，新經濟時代裡，製造業的經營管理會以服務功能爲中心。環境的脈絡決定了現實，新經濟時代所創造的環境脈絡就是服務。脈絡是無形的，服務業是以無形的商品來滿足無形的需求。新經濟的脈絡其實早已存在了三、四十年，我們只是現在才發現而已。

我們既已發現此脈絡，就應快速聚焦於服務業的優勢。這些行業也需要新型態的組織、管理與新的方向。我們曾改進「前工業時代」的組織與管理形態，使其符合工業時代的企業經營。同理，利用新的知識與技術，我們也可以創造更好的、新的組織形態。

當然，新架構將重新界定產業分類法，服務業將不再是單獨的類別，而是所有產業類別裡最重要的一個部門，不管它是生產物質商品，或是非物質服務的產業，新的組織管理形態將主宰所有的產業。

誠如前幾章所述，人類對宇宙的科學認識引發了科技，科技帶領產業，組織則落在演進的最後一環。我們對組織要有全新的認識，那就是我們不僅是從一種脈絡轉進到另一種脈絡（由工業經濟模型改變成服務經濟模型），更要讓脈絡成爲組織的架構。在一個成熟的經濟形態裡，管理階層在一個「理所當然」的架構裡管理組織，從未想過這個架構是否合適，或者它的界限在哪裡。總是到架構已經完全不適用了，管理階層才會說：「我們需要新的模式。」自從貝爾(Daniel Bell)一九七三年出版《後工業社會的誕生》(*The Coming of Post-Industrial Society*)後，我們一直在尋找後工業時期、後工業經濟、後工業產業的定義，弄清楚了這三者，才能爲後工業組織和管理下定義。

到了二〇〇一年，新經濟將邁入可清楚理解的中年期，屆時會有人提出一套管理與組織的架構，一如史龍在一九二〇年提出工業經濟的組織模型一樣。到了那時，管理階層又會在一個「理所當然」的架構裡管理組織。不過在那之前，我們還有一段開放的時間，不要急著爲新經濟的組織管理下定義、貼標籤，而應當不斷實驗，創造彈性、創意與革新。

這不正是主管常說的，管理階層管大架構就好，細節執行應層層下放？我們也應暫時循這套層級制規矩行事，直到新經濟的技術與新社會的價值觀齊頭發展出新的網絡組織，以取代舊的組織模型爲止。

產業爲了提供服務而變

就產業的角度，管理階層一定要問：服務的架構如何滿足顧客的需要？如何提供關鍵要素？如何讓顧客、員工理解這些要素？競爭對手如何界定市場需求？他們的服務架構又是如何改變？

從組織的角度觀之，服務的架構主導了服務內容的設計、行銷與供應，也決定了哪些要素是服務的核心，哪些是外圍？哪些要素是外顯、有形的，哪些是內蘊、無形的？

服務的架構會指出你的產業內容爲何，又應如何組織管理。工業公司尤然，這類公司有著自然的成長與衰退，不時要縮減或購併其他公司以取得新的市場定位，服務部門的增長遠超過傳統部門。最明顯的例子莫過工業時代的核心產業——汽車工業。

・汽車工業

汽車工業的改變讓我們不禁問：曾幾何時，汽車公司不再是汽車公司？一如稍早所見，當汽車公司變成汽車貸款銀行，它還是汽車公司嗎？目前已有三家主要的汽車公司提供購車貸款服務，不久前它們才發行商業本票募集資金，不但對其他公司提供融資，也提供貸款給消費者購買洗衣機等有形商品，或滿足消費者購屋、旅遊貸款等無形服務需求。汽車公司這些服務項目取代了金融中間人，開發自己的金融關係企業，而且還大得不得了。

譬如通用汽車承兌公司已成爲全美最大的金融機構之一，資產合計七百四十五億美元，幾乎與美國運通、美商大都會人壽（Metropolitan Life）、漢華公司（Manufacturers Hanover）勢均力敵。通用汽車的成長泰半來自購併後的新營業項目，它在一九八四年就成爲全美排名第二的質押放貸公司，一共操作了兩百二十億美元的商業及家庭貸款。一九八六年中，它又針對汽車貸款人提供購屋貸款，成爲通用汽車集團年度損益表上的大功臣，一九八五年的四十億美元稅後淨利，它就佔了百分之二十五，到了一九八六年，比率更上升至三分之一。[8]

福特汽車公司與克萊斯勒汽車公司也一樣。福特汽車信用公司（Ford Motor Credit Company）擁有三百一十億美元的資產，而克萊斯勒金融公司（Chrysler Financial Corporation）也有一百六十億美元的資產。一九八五年，福特汽車信用公司雖僅佔福特集團總營業額的百分之十七點五，一年後，福特集團卻有四分之一的盈餘來自該公司。同樣的，一九八五年，克萊斯勒金融公司對克萊斯勒集團的盈餘貢獻只有百分之九，第二年就增加了一倍。

有些學者質疑這不是經濟形態的自然演進，而是病態，其中以哈佛大學政治學教授，《美國新疆域》（*The Next American Frontier*）一書的作者雷區（Robert B. Reich）最有名。他說這種轉變並非奠基於新科技發展或制度進步，而是會計制度混亂、逃漏稅、五鬼搬運、訴訟、購併、大公司吃下小公司等病態。雷區說：「這種轉變並未創造新的財富，而是公司資產的重整，只會加速競爭力的衰退。」⑨

這些轉變是爲新經濟創造新的財富？還是讓幾個鬼才大玩超級大購併的遊戲？我們要看比起傳統銀行來，通用汽車、喜爾仕百貨、美國運通是否提供了更好的服務。就組織面來講，當然有一些不確定感，大家關心它是否能有效率運作，倒不那麼懷疑它對整體經濟有沒有附加價值。就如本書前一章所言，去除中間人，對過時的經濟形態大有助益。到了二〇〇一年，我們就會知道，像喜爾仕百貨這類能同時滿足消費者有形與無形需求的公司，是否讓我們的生活更美好了。

・免費服務電話

另一種快速成長的無形服務，是提升顧客的長期忠誠度，儘管它並不直接創造業績，最好的例子就是「800免付費申訴電話」。寶鹼公司（Procter & Gamble）公司一年要接二十五萬通免付費的申訴電話，根據艾伯奇特（Karl Albrecht）與桑奇（Ron Zemke）所述：

> 假設半數電話申訴的都是同一種產品，即使這個產品售價僅三毛錢，我們也只改善了百

分之八十五，一年也至少爲公司賺進五十萬美元。這代表投資報酬率約爲百分之二十。⑩

根據這兩位的說法，這種無形服務在建立顧客長期忠誠度上，亦是收穫豐碩：

如果汽車工業的統計無誤，一個對品牌忠誠的顧客，一生至少可以讓他們賺進十四萬美元，因此爲了一張八十美元的修車帳單，或者是四十美元的零件更換，汽車經銷商與顧客可以吵得面紅耳赤，豈不是可笑？同樣的邏輯適用於許多行業，譬如電器業就估算一個對於品牌忠誠的顧客，二十年內大概可以讓他們賺進兩千八百美元；你住家附近的超市則估算你今年大概會在他們那兒買上四千四百美元的東西，如果未來五年你都不搬家，大概他們可以從你身上賺到兩萬兩千美元。⑪

・在產品上增加無形價值

因此新經濟時代裡，強調無物質的新服務業、工業公司裡的服務部門、強化顧客長期忠誠度的服務都會成長。新經濟時代裡，無物質服務也會藉由增強工業時代產品的無形價值，來擴充它的版圖。就算最微觀的層次，在生產-服務的環節裡，服務的比重也越來越大。此處，霍根的資訊／物質比公式就顯得意義十足，更重要的，它還是無形／有形比率的上升。一個企業如能比對手更快速增加產品的無形／有形比，就取得了重要的競爭優勢。當然產業內容不同，無形／有形比可以是絕對準則，或是邊際效益。

顧客會購買無法試用的有形商品，是因爲信任廠商的承諾，這個部分是無形的，就連結合信任與承諾的「不合退費」，也是無形商品。就算廠商利用有形的方法，譬如在化妝品專櫃試噴香水，也只能讓你知道「有形的香水」是什麼味道，卻無法讓你經驗「擦上香水後魅惑別人」的無形結果。露華濃公司創立人雷福森（Charles Revson），十分明瞭香水的有形、無形層面分野，他的名言是：「我們在工廠裡製造香水，在店頭卻是販賣希望。」長期以來，市場行銷人員都知道無形經驗的重要，因此說：「餐館裡賣的不是牛排，而是煎牛排的滋滋聲。」

當可口可樂推出新配方時，它的策略著重在「不同於百年來標準口味」的有形分野上，卻忽略了原有配方對美國大衆的重要性。可口可樂後來又改回老配方，一方面是老配方口味較佳，也因爲老配方的可口可樂已經是美國經驗的一部分。

滿足顧客的三大區分標準

市場行銷人員要如何確知顧客需求的要素是什麼？通常，他們是就有形／無形，核心／邊緣，外顯／內蘊幾個標準去劃分顧客需求的要素。以無物質爲核心的產業，無形、邊緣與內蘊都是必要概念。

・有形／無形

商品的有形面可以簡單地用大小、顏色與質料來形容，有的無形商品亦可簡明描繪，譬如「完美的安全記錄」、「不帶票息的公債」。但是無物質的商品就很難如此簡易說明，往往必須藉由有形的證據來展示，譬如出租汽車後窗上懸掛的整理清單，旅館馬桶清洗過後封上紙條，都是用來說明清潔工作已完成，否則顧客很可能忽略了這些服務。

・核心／邊緣

如果產業的核心是無形的，上述的有形證據雖屬於「邊緣」，卻往往不可或缺，尤其是競爭對手的產業核心與你勢均力敵時。一旦消費者習慣見到「有形證據」，就很難減化，有時甚至會增加營業成本，變成「反效果」；倒不如側重在核心，減低成本、自動化，盡量讓消費者看見無形商品或服務的「核心」。就算是側重消費者個別需要的市場區隔策略，太多額外的「有形證據」也容易造成失焦。總而言之，最好的策略是鞏固加強「核心」，而不是頻頻添加「邊緣」。

・外顯／內蘊

至於外顯或內蘊優點的差別，大家就比較熟悉了，譬如文科教育的內蘊優點是教導學生學習的方法；餐館的內蘊優點是針對特定顧客設計的氛圍；預防疾病的藥物是減低生命風險。有時內蘊的優點也會變成外顯，譬如ＩＢＭ的口號：「買下ＩＢＭ的產品等於買下了ＩＢＭ」，或者「不會有人因爲買了ＩＢＭ電腦而被公司開除。」

心理素描

新經濟的重心既是商品無形面，市場區隔策略也就特別注重商品的無形特徵。工業時代裡，不管是有形商品或無形商品的市場區隔，都以人口學變項爲準，譬如年齡、收入、家庭人口數等，富有的中年女人與收入中等的年輕人是截然的區隔。無物質的新經濟時代，尋找商品區隔的客戶群，不但要用到人口學，還需要無形的心理素描（Psychographics）。

心理素描是以價值觀、生活形態與人格特徵，做爲判斷消費者需求與購買行爲的基礎，它使用到較爲主觀、無形的測量方法，譬如態度、信仰、意見，來抓住消費者對「質」而非「量」的需求，也抓住消費者的經驗。《美國人口學》（*American Demographics*）雜誌的主編艾德蒙森（Brad Edmondson）說：「在經驗工業裡，汽車、牛仔褲與啤酒都是可以改變情緒的東西，透過它們，我們體驗駕駛、流行與愛國主義。」

心理素描潮流始於一九七〇年代，市場調查公司如洋基洛維奇公司（Yankelovich）、薛莉與懷特公司（Shelly & White）開始以社會趨勢取代人口數據來分析消費者習慣。另外一家ＳＲＩ國際公司（SRI International）則開發出有名的「價值觀與生活形態量表」（VALS‧Values and Lifestyles），將美國人區分爲九大動機類型，如「歸屬者」、「社會意識強烈者」、「本位主義者」等。最有名的例子是楊雅廣告公司（Young & Rubicam）利用ＶＡＬＳ量表，測量出美林公司的客戶是獨立的、個人投資者，不隨大衆起舞。美林公司隨即調整廣告策略，將原先搭配一群公牛畫面的「看漲美國」口號，改成用「特立獨行」口號，搭配單獨一隻公牛的廣告畫面。

聖安東尼奧市的艾立森售屋公司（Ray Ellison Homes），以VALS量表來設計銷售房屋，「成就取向」的女人，喜歡小而有效率、容易整理的廚房，卻不在意花時間整理豪華寬敞的臥房；相反的，以家庭爲重心的「歸屬者取向」女人，則喜歡大廚房。

心理素描捨棄「中產階級郊區族群」這類無趣的、工業時代的人口學分類法，創造了「有戰鬥性格的母親」、「白手起家的生意人」、「全球觀者」、「貨比三家者」等等市場區隔名詞。儘管創意十足，還是比不上帶有強烈人口學分類色彩的新名詞「雅痞」來得有震撼力。

廣告公司設計廣告傳單時經常使用郵遞區號系統，他們假設住在同一個地區的人有相同心理素描，可以藉由他們的生活形態素描抓住廣告設計的無形面。譬如住在某一區的人都買特選葡萄酒，看《六十分鐘》節目；住在另一區的人喜歡航海，但是不聽公民頻道電台，不開美國汽車公司出產的車子；另一區的人開日本汽車、喜歡登山、看《希爾街藍調》單元劇，但是不嚼菸草，也不看電視保齡球賽。儘管上述這些族群相當異質，但是廣告公司還是得用「有形的特徵」如居住區位，來創造奠基於無形特質的市場區隔。

芬華哈公司（Fingerhut）是全美最大最賺錢的廣告傳單公司，它的策略充滿新經濟時代特徵，譬如很低的固定資本、資訊導向的技術、配銷專家技術，以及定位良好的市場區隔。它利用自己的資料庫，分析出會使用「中間名字縮寫」的人授信風險較低；而用鉛筆塡寫訂單表格的人，授信風險高過使用鋼筆的人。這些無形面的分類法，都使芬華哈公司可以精確地找出消費者區隔。

遞送系統：結合有形與無形

當遞送的商品爲無形的服務而非有形的貨品時，市場對無形商品的需求，需藉無形的遞送系統達成，服務便凸顯了遞送系統的重要性。而既然服務業主宰了新經濟，又因爲服務只在執行的那一剎那才存在，執行的好壞就變得非常重要，這也代表服務的實行策略與遞送系統將扮演更重要的角色。

我們幾乎都辦過貸款、坐過飛機、使用過電力，也在餐館吃過飯，認爲這些都是簡單的「無物質」服務，直到我們有機會參觀它們的作業系統，才知道服務的遞送系統是物質與無物質的結合，有形的物質是器材設備，無形的技術則以資訊的方式呈現，兩者的結合，一如工業時代裡生產與供銷系統的配合。

有效率的服務遞送系統必須由負責管理該系統的人設計。服務基本上是個流程，因此效率改善最早是從細節開始，運用處理工程學來改進遞送效率，譬如仔細研究每一個動作所花掉的時間，尤其是那些顧客看不見的活動如兌現支票、行李登記等。此外也從計畫規劃方法學上借用了「規劃評估法」(PERT)，來做成本／時間比，或者成本／價值比分析。舒斯塔克(Lynn Shostack) 稱此爲「服務的藍圖」，用來檢查服務流程的弱點，並藉此設定、測量、調整標準。

但是企業最終還是需要一個簡單、不複雜的服務遞送系統，最好的例子就是主題樂園的垃圾不落地。以迪士尼樂園爲例，那些年輕員工隨時隨地撿拾垃圾，他們自己的房間搞不好還亂得像豬窩呢，連主管也總是下意識地撿拾垃圾。像迪士尼樂園這樣的地方，理論上很容易垃圾堆積如山，卻可以連一點垃圾也看不到，那是因爲地底下鋪設了四通八達的眞空垃圾吸管。同樣的四通八達概念，也運用在停車、購票、排隊動線、食物提供、花園整理、緊急醫療救護上。

長久以來，大家就認爲迪士尼樂園是管理得最好的美國公司之一，令人訝異的是，主題樂園所發展出來的服務簡便遞送系統，並未被其他企業廣爲利用。你有過多少次排隊經驗，因旁邊的隊伍移動得比較快，而深自懊惱排錯隊伍？就像魯尼（Andy Rooney）所說的：「他們怎麼不想想辦法？」

主題樂園用一個簡單的解決辦法，那就是只有一個隊伍，但呈蛇形盤旋以減少排隊空間，也免除了遊客有「排錯隊伍」的不平。推車購物隊伍如要盤成蛇形，十分不便，薩瑞連鎖超商（Zayre）因而打出一個新口號：「只要隊伍超過三人，我們就開放一個新的收銀台。」儘管有這麼多排隊便捷措施，每個禮拜總有一兩次，我們還是得懊惱自己排錯了隊伍。

良好的服務遞送系統會注意前述的魯尼所提出的「瑣事困擾」，時時檢視服務遞送系統的核心——員工。五十年前，員工分爲勞心與勞力兩種，勞心者不須勞力，勞力者不太需要用到腦袋。但是現在不一樣了，經濟型態已從側重勞力的工業時代，轉變至側重腦力的服務經濟，對員工的要求也變成杜拉克（Peter Drucker）所說的「知識勞工」。不管是在工廠或是在服務業，大部分的員工都仰賴無形的個人資產如個性與心智在做事。

針對服務的性質選擇合適的員工

由於大部分的服務是在與顧客面對面接觸的社會情境中執行，因而人際技巧變成要件。又由於服務執行者通常是公司基層員工，他們的人際技巧或許比其他工作技巧還重要，儘管其他工作技巧可能需要數年的學習。但要讓個性愉悅的人學會專業技術簡單，要讓一個員工轉變成愉悅的人，可能就難得多。

因此針對什麼樣的服務，選擇什麼樣性格的員工，必須小心翼翼。不是單純地尋找好人、友善的人，而是針對服務特性所需的積極精神。譬如擔任僕役長或許需要個性迷人，但是茶房就不需要；而樂於助人或許是侍者所需的特質，大廚需要的卻是創造力。

上述這些人格特質差異也可以成為競爭策略。假設有三家百貨公司，甲的策略是品質、乙的策略是流行，丙則側重便宜的價位，雇用員工也應遵此策略。首先看應徵者的穿著是否反映公司的市場策略。第二，甲公司注重低流動率與吃苦耐勞；乙公司則可以忍受高流動力，喜歡年輕的員工；丙公司則可以薪水較低。

換言之，**雇用服務員工應精確選擇人格特質符合公司的服務概念者，讓無形的心理特質**

來完成無形的服務。

由於服務極度強調社會互動，管理出錯的可能性也極高，一旦出錯，消費者或服務執行者都無法立即反映給管理階層，所以最簡單的定理是：「消費者在服務遞送系統裡接觸到越多員工，他不滿意的機率就越高。」有形的經濟讓人們習於序列階層，無形的經濟卻教導人們，組織越簡單、越扁平、越靠近消費者、多注意品質少關心威權，則越好。

無形經濟的另一特質是生產者與銷售者的功能界線越來越模糊，或幾近不存在。負責服務遞送系統的人，要用以前管理字典裡找不到的整體論觀念，把生產與銷售整合成一個同時發生、單一的角色。同樣的，消費者也是無形服務的共同執行者、生產者，因此也需要在生產者／消費者這個界面，發展出一種整體論的觀念。

工廠無形化

科學與科技所發展出來的產業、組織新模型，不但運用在工廠與辦公室，也將運用在所有的經濟部門，不管是全國性或全球性的。新科技讓公司的各個部分，可以同時與所有部門接觸，這是以往工業時代的階層化組織所不喜，也不能做得到的。到目前爲止，本書一直側重在辦公室部分，現在讓我們來看看新模型將如何反映在工廠上。

・電腦整合生產

新工廠組織的資源多半是自動化科技，尤其是電腦整合生產（CIM，Computer integrated

manufacturing），或者是彈性生產系統（FMS，flexible manufacturing systems）。一如字面所示，電腦整合生產是讓每個部門有自己的電腦輔助系統，可以同時與其他部門連線，讓公司的各個部分整合起來，變成一個整體。電腦整合生產的運作流程如下：總部根據市場調查、技術與生產優勢分析、財務分析、公司策略等，決定生產什麼產品，剩下的就交給各部門去做電腦整合生產。

首先登場的是電腦輔助設計系統，把產品概念具體化，讓人工智慧在人類創意與自動化生產間扮演橋樑角色。下一步則由電腦輔助工程系統（CAE）接手，它設計產品，確保品質與生產可行性，設計生產流程、模具、生產工具、生產機械。然後電腦輔助生產系統負責灌模、焊接，或者把原料製造成準備組合的零件。上述這些就是電腦整合生產的主力。

此外，它還有電腦輔助裝配系統（CAA），負責組合自己公司生產的零件與協力廠商生產的零件、自動品檢、裝箱準備入庫或發貨。倉管自動化則電腦管理原料、中間財貨、半成品或者成品的發送，不管是送到生產部門，或者是發貨到市場。

第一時間生產系統（JIT，Just-in-time manufacturing）是電腦整合生產的近親，使用這種電腦系統，所有的零件、原料都必須仔細盤點，因爲生產者必須即時送貨，不能在接單後才開始生產零件。

・知識型勞工

這種嶄新的工廠，人在哪裡？我們可以說他們不存在，就像自動化農場不需要農夫。另一方面，人的因素仍然重要，他們的貢獻在大腦，不在肌肉。一如產品的價值與體積比，人與組織的關係也將由員工所提供的資訊與員工人數比來決定。所謂的「知識勞工」貫穿整個生產流程，協調各部門。他們在新經濟模型所扮演的角色，一如自動化農場裡的農夫一樣。

・工業經濟的觀念讓位

電腦整合生產系統把工廠的各個部門連結到總部，如果發揮得盡善盡美，現在許多工業經濟的觀念將變成完全無用，譬如學習曲線將被強調低成本的生產模型所淘汰，因爲樣品可以便宜快速地製造出來，接下來的一千個、兩千個都會維持相同水準，不需要員工反覆學習。又因爲可以隨時調整生產規格，公司可以迅速針對市場的需求反應，不會有時間落差。許多生產線的規模經濟會消退甚至消失，但是研發的規模經濟會上升。產業現在可以針對個別客戶需求「大量定做」，這是我們下一章將討論的主題。現在的市場佔有率概念也會漸漸失去意義與重要性。快速的補貨、低庫存，以及幾乎免人事支出，都將使美國不再需要自工資低廉的國家進口商品，工廠將再度集中在市場所需的地方。自動化工廠就是適應「任何地點」、「任何時間」未來產業準則的明證。

擁有新式工廠的企業，比起緊守舊式工廠的企業，將更有揷足新產業的優勢。當然，新式工廠短期的設備投資將非常驚人，譬如彈性生產系統售價即高達五百萬美元，須花數年時間裝配。未來不管是仰賴低廉勞工的國家，或者是後工業時代國家裡的中小企業，都將面臨萎縮的命運。以美國來說，現在約有四分之三的商品是由規模不到五十人的小公司生產，未來的自動化將使製造業部門萎縮更甚。儘管中小企業富有企業家變則通的精神，但是未來面對資本密集的自動化生產趨勢，連適應都有困難，遑論領先。能夠迎向二〇〇一年未來工廠的公司，將都是大製造商。⓬

根據美國商務部調查，一九八六年美國共有四十七家公司採用彈性生產系統，日本有五十家，全歐洲則有四十四家。儘管家數不多，成本也高得驚人，西屋電器卻預估一九九〇年前，電腦整合生產系統約有三百八十億美元市場，到了二〇〇一年，一定會有更多廠商採用。伴隨自動化、整合與網絡化，生產部門也和公司其他部門一樣，會越來越無形。

・公司的大樓不見了

工業經濟讓許多公司擁有「大型資產」，廠房、辦公室都是一個公司實體存在的具體表徵，越大越撼人。紐約的克萊斯勒大樓，芝加哥的喜爾仕百貨公司都是著名地標。行人只要看看大樓的銜牌，就知道它屬於那個企業。這些建築以實體的存在（鋼筋水泥），來表彰一個公司的重要性，就算從未去過底特律的人，也知道通用汽車的總部在那裡，福特汽車、克萊斯勒汽車的廠房、辦公室也在那兒。

但是新經濟時代裡，企業的實體存在將越來越無形。就像「公司」是個「法人」，你卻無法用雙手抱住這個「法人」一樣，新企業眞實存在，卻日趨「無物質」，是所謂的「無形公司」。

《商業週刊》曾在（一九八六年三月）一期名爲〈空公司〉（*The Hollow Corporation*）的封面故事裡，描繪這種現象：

賈魯布玩具公司（Lewis Galoob Toys Inc.）是個成功的公司，去年它賣出了五千八百萬美元的「舞劍金髮女郎」玩偶及其他流行玩具，業績足足是一九八一年的十倍。一九八四年以十元上市的股票，一度漲到十五元，現在交易價爲十三點五元。如果以傳統的結構標準、策略與管理來說，賈魯布玩具公司根本稱不上是個公司，只有一百一十五個員工。它由簽約創意人和娛樂公司爲它做產品概念成形，由協力的專家負責大部分的產品與製造工程設計，然後「包收」（farm out）發給香港十數家承包商，它們再轉包給人工最低廉的中國工廠。成品運回美國後，賈魯布玩具公司全部交給抽成的業務代表經銷，連收帳都免了，而是把所有的應收帳款賣給商業信用公司（Commerical Credit Corp.），它是一家批發業務公司，也是幫賈魯布玩具公司建立授信政策的公司。

包收是指自己不生產，而把生產工程發包給別家公司完成。儘管「包收」講的不是農作，但這個名詞的確借用了農業時代佃農制的觀念，來闡釋工業時代裡的組織活動。同樣的，工廠（factory）也跟批發商（factor）無關，我們只是借用了一個前工業時代的字眼，來描繪製造生產的所在。工廠這個字來自中世紀的拉丁文"factoria"，意指批發商聚集之處，他們將應收帳款當做對廠商的短期融資。對賈魯布玩具公司來說，工廠似乎比較像中世紀時批發商聚集之處，而非製造玩具的所在。

這種新組織形態帶來的經濟價值，不在巨大的工廠、自動化生產，或者巨大的辦公室，而是一種接近沒有實體存在的組織。以賈魯布玩具公司來說，它幾乎沒有傳統的產業功能，研究、設計、開發、工程、製造、行銷、配銷、銷售與財務，全部交給別的公司完成。

所有的功能都可以拆解轉包，這就是大公司現在的經營手法。在追求最低成本的原則下，生產部分已逐漸轉包出去，或者是由工資低廉的國家進口，電子業尤然。一九八四年中，奇異電氣還有百分之六十的員工是在製造部門，不到兩年，這個比率就降到百分之十。

這種形態企業的優點是可以針對環境變化迅速反應，加上人事成本低、固定資產少，營運成本也降低，與其他產業相較起來，是比較容易進入的產業。同時，它也可以引進國外低廉的工資與最新技術。它的缺點是貨源供應不穩、生產控制不足，又因爲自己不做設計，久而久之會失去設計、生產的專家技術，供應商反過來成爲它最大的競爭對手。缺乏有形的投資，將使這類公司無法交互支持產品線，以賺錢的產品培養明日產品。奠基於無物質運作的產業，雖然缺乏安全，但同時也比較不僵化，變通性與彈性都較高。

・資訊處理是經濟重心

未來的工廠雖然是自動化、機械操作，只需要幾個員工，但也將和工業時代的農場一樣，在未來經濟體系裡雖不可或缺，重要性卻逐年下降，雇用人數越來越少，在整個經濟結構裡的價值越來越低。

如果拿電腦硬體生產價值日漸不如軟體生產爲例，就可淸楚看出工業部門的變化。自動化工廠就是未來經濟體系裡的硬體生產工廠，但重要的卻是軟體生產。更重要的是，新經濟的重心在資訊處理，不管是研究、設計、開發、工程、製造、配銷、行銷、銷售與服務，都是在處理無形的商品，未來經濟裡，無物質商品會越來越具價值。

所以電腦軟體生產行業不佔空間、固定資產低、高度強調腦力與應變力，都不是巧合。未來世界裡，無形商品的工廠比起自動化硬體工廠更有可能成爲未來的組織模型，而這個組織會是辦公室，而不是工廠。

無物質經濟與生產力

比較無物質經濟的優劣，不能不討論生產力。通常我們說一個東西是「非物質」時，意指它並無實體，也常代表它不重要。服務就是非物質，雖然我們不會說服務不重要，但是如提到它對經濟生產力的貢獻，似乎就微不足道。

問題是我們如何界定生產力。一般來說，生產力是指產出與投入比。在產業界裡，它通常指的是營業額與人力成本或資本比，這種定義忽略了服務項目裡最重要的品質與價值。雖然營業額／員工人數比是較好的生產力計算公式，也未臻理想，不過《財星雜誌》據此公式估算出，大型服務業公司的生產力其實高於大型製造業公司。另外一種尚未發展完全的計算公式是員工附加價值比，先將營業額扣除掉公司向外購買的商品與服務價值，餘額除以員工數，得到的就是員工附加價值比。由於服務業很少購買中間財貨，套一句海斯凱特的話：「很有可能，服務業公司的員工附加價值比，高於製造業公司。」

好多年來，政策決定者與管理階層都對生產力爭論不斷，不管是理論或實務，或者巨觀經濟或者微觀經濟，他們都發現，生產力下降是美國經濟衰退的主因，如果要讓景氣回升，勢必要提升生產力。無論如何，服務業的低生產力是美國經濟最值得憂慮的現象。

由於美國勞工統計局（Bureau of Labor Statistics）預估未來十年，十分之九的勞力會是從事服務業，而服務業每小時的平均工資比製造業少了百分之十一，因此大家不免關心生活條件會下降。譬如大通計畫經濟公司（Chase Econometrics）就預估，美國人平均個人年收入的成長只有百分之一點五，趕不上通貨膨脹，也只有國民生產毛額成長的一半，這都是服務業工資成長過低的緣故。

即使用最過時的二分法，製造業與服務業的生產力鴻溝也日漸縮小，一方面是我們逐漸認知，製造與服務的經濟活動很難區分，二來也找不出適當的測量兩者生產力貢獻的方法。此外，一項服務工作到底具有多少生產力，要看你是以拍立得方式測量剎那間的貢獻，還是以電影方式測量一段長時間裡的貢獻。儘管大家都擔心服務經濟會是個幻象天堂，但是到了本世紀末，大家一定可以感受到服務科技的投資報酬率。

摩根史坦利投資公司（Morgan Stanley & Company）的羅區（Stephen S. Roach），以美國經濟分析局（Bureau of Economic Analysis）資料分析，發現一九七五年，服務業擁有一千兩百六十一億美元的新科技資產，到了一九八二年，激增百分之九十五到兩千四百億美元，一九八五年更上漲至三千五百八十九億美元。由於這十年裡白領階級人數只成長了百分之四十二點四，代表服務業在每位白領階級身上的新科技投資成長了兩倍，約爲七千五百五十八美元。

麻省理工學院的鍾薛（Charles Jonscher）估計：「每在服務員工身上投資一千美元的新科技，它的生產力約是投資在製造業工人身上的兩倍。」由於新科技投資對服務業員工有教育功能，鍾薛估計，到了一九九〇年，投資於服務業的產出將是製造業的四倍。儘管我們可以對「生產力」的定義爭論不休，但無可置疑，到了二〇〇一年，服務經濟已經有了六十年歷史了，屆時服務業的生產力會和一九二一年時的工業一樣高。

・無煙囪經濟提早來臨了嗎？

另一個關於生產力的爭辯是：「去工業化」與「全球化」的結合，眞的會讓美國的無煙囪服務經濟提早到來嗎？批評者認爲後工業經濟國家的製造業萎縮，不是因爲服務業成長，而是產業外移到工資低廉的國家。美國的製造業自一九四〇年代就開始萎縮，現在我們必須憂心，無形商品的部門會不會也有同樣的狀況。

長期以來，美國一直仰賴無形服務的輸出來平衡製造業的貿易赤字，現在競爭對手都趕上來了。儘管美國仍在廣告、金融業、軟體與影視業領先，但只是些微差距，其他的部門如航空、休閒、航運、觀光已經慢慢像煙囪工業一樣走下坡了。由於無形商品的全球貿易金額約是七千五百億美元，其間的賭注甚鉅。

・無形商品的全球性競爭

根據《商業週刊》（一九八四年三月）的看法，我們的競爭力十分薄弱：

如果扣除外資與美國海外投資匯回的利潤，所謂的「美國是服務業龍頭」不過是陪榜，因爲歐洲的服務輸出是美國的三倍。如果再扣除無煙囪服務項目如觀光、航運，美國的服務業輸出排名還在英國、德國與法國之後。

從一九七三年到八三年十年間，美國在全球無形商品輸出佔有率，已從百分之十五降到百分之八。譬如，美國不但失去了造船業的優勢，也失去了航運龍頭地位。台灣就擁有結合了低廉人工、電腦導航、高燃料效率、僅需雇用少數船員的船隊，長榮海運公司以十萬個二十呎貨櫃，成爲全球最大的貨櫃航運公司。而首創貨櫃航運的美商海陸運輸公司（SeaLand Industries）則淪落到苦苦追趕。

又譬如一九八一到八五年間，美國在中東地區的建造合約佔有率從第一名掉到第十二名，日本與韓國公司則拔得頭籌，迫使美國的建築業巨人貝泰公司（Bechtel）不得不與新起之秀韓國現代公司（Hyundai Engineering and Construction Company）共資合作。此外，沙烏地阿拉伯取消了原本與美國醫療國際公司（American Medical International）的十四億美元醫院管理合約，讓歐洲與亞洲的競爭者有機可乘，得以挑戰美國在醫療照護市場的龍頭地位。

巴西、印度與英國、法國一樣，迅速搶佔軟體外銷市場，日本也打破語言劣勢，以嚴格的軟體品管，強力打入人工智慧市場。韓國的大宇公司（Daewoo）、金星公司（Gold Star）與現代公司也逐漸成爲軟體輸出主力。

英國的上奇廣告公司（Saatchi & Saatchi）雖然一九七〇年才成立，卻在一九七九年成爲全英國最大的廣告公司，進而在一九八一年登上歐洲之最。一九八六年它與美國泰德貝茲廣告公司（Ted Bates）合併成功，成爲全球最大的廣告公司，總資產達七十五億美元，共在二十八個國家僱有一萬兩千名員工。在它還沒有合併泰德貝茲公司之前，上奇公司一九八五年的淨利，便有百分之五十八來自美國市場。即使現在，它也沒停下廣告業務全球化的脚步，更打算朝全球性提供無形商品顧問業務進軍。

一九八五年，上奇廣告公司買下了海恩顧問集團（The Hay Group），這家複合企業集團在全球共有一百家辦公室，也擁有洋基洛維奇、薛莉與懷特兩家市場調查公司，使得上奇廣告公司一九八五年的利潤有百分之二十九來自顧問業務，接下來它還要併購策略顧問公司、退休保險公司、財務系統顧問公司。這家野心勃勃的公司，利用無形資源如創意、野心與財務天才，讓世人見識到銷售無形商品的產業如廣告業、顧問業，未來都必須在一個全球疆域裡逐鹿天下。

歐洲公司如路透社（Reuters Ltd.），已經主宰了金融資訊市場，還有許多歐洲公司購併美國的金融資訊公司，譬如法國公司買下華頓經濟計量預測中心（Wharton Econometrics）。根據聯結資源公司（Link Resources Corporation）估計，二十億美元的線上資料庫市場，美國以外的公司就佔掉了三分之一。

照這個趨勢發展下去，到了二〇〇一年，金融服務輸出重鎮會移到東京，日本銀行成爲美國公司的債主，美國公司的商業與工業融資約有十分之一來自日本的銀行。美國政府背書的數百萬美元質押貸款，都在日本資金市場賣出，顯示日本人的儲蓄幫助美國人買房子。日本的保險公司也以國內的利潤，來支持它進軍國際無形商品貿易市場。譬如東京航運與火險公司（Tokyo Marine & Fire Insurance Company）就是全球最大的航運保險公司，也是日本最大的「非人壽保險公司」，國外二十二個營業機構佔了總營業額的百分之十七。

總言之，新服務外銷商是以全球規模銷售無形商品。比起工業時代的老大哥製造有形商品，在固定時間、固定地點以固定價格供銷，新服務經濟則仰賴創意、資訊、電信，以一種「任何時間」、「任何地點」觀念供銷無形商品。如同工業時代淸晰可見的變遷，將來的全球競爭將側重無形商品，外移的工作機會以服務業居多，率先出走的是附加價值最小的服務工作，譬如文書、資料輸入工作。當無物質經濟日趨成熟，無煙囪服務業的圖像將日漸淸楚，美國的領先地位將飽受全球大企業的威脅。

向無物質面尋找競爭力

西方文化強調物質／無物質的分野，認爲物質是心靈的反面。但是新經濟側重無形商品，我們必須將物質／無物質視爲同等重要。科學界早就如此，產業界也因服務經濟日趨成形，而察覺無物質的重要性，但是組織管理則瞠乎其後。科學領域裡，如果想理解心智如何在時間裡運作，必須在小如次原子的結構裡觀察。這是值得一探的旅程，因爲心智是無窮的資源，可能也是未來經濟最重要的資源。

如果要讓組織管理順利轉型，則觀念必須大幅改變。以數學來說，簡單的方程式只需要線形思考，聯立方程式卻需要整體與局部同時思考，也就是運用整體論思惟方式。在產業裡，服務有點像聯立方程式，所有的局部都必須同時間運作。

再舉一例：如果要標出一個位於二度空間的地方，你需要兩個數字；這個地方如在三度空間裡，就需要三個數字來標示；N度空間，就需要N個數字。不管是宇宙、市場，甚至組織架構圖裡的一個方欄，上述例子都是不變眞理。物質固定於時間、空間裡，無物質卻無法如此標示，它確實存在，卻不在某個特定空間裡。

譬如，你到底需要多少個數字，才能捕捉無物質產品的所在？十年後，當我們跨進了「未來型辦公室」革命，將體會組織必須在N度空間裡管理辦公室，屆時傳統的模型很難應付組織管理所面臨的難題，而需要一個全新模型。在這個新模型裡，任何一個數字都可以標示無物質產品，因爲無物質同時存在於所有的空間面向，這也就是東方哲學所謂的同一性。

西方人很難接受甚至排斥這個概念，因爲它太軟性而且無形，但是透過所謂「實在」的科學與科技途徑，這個觀念已逐漸打進管理模型。電腦業者就經常說，現今的電腦業就像一九二〇年代的汽車工業，基礎才剛打好，尚未進入發達階段。現今的電腦就像一個個孤立的島嶼，尚未連成一個完整的網絡，讓每一個人都充分利用。但是電腦的衝擊將遠超過機器，深深影響社會的每一個環節。它會改變我們的思惟方式，但非一蹴可及。

管理階層喜歡「一蹴可及」的答案，不太在乎十年或二十年後才會實現的答案。但是偉大的領導者與龍頭企業是未來的創造者，也促使它提前到來。對所有的企業而言，如要未來提前在今天發生，有賴管理階層能比競爭對手更早洞識另一種思惟的威力。能夠以「任何時間」、「任何地點」觀念運作的管理階層，將有絕對優勢。同樣的，懂得增加無形商品的附加價值，提升無形／有形比的人，也將比對手更具競爭力。

科學觀念的改變導致了科技更新，也讓產品、服務有了新的形態。工業時代裡，產品、服務的形態多是有形的，今日，我們則赫見新經濟時代的產品、服務多是無形的。科學界與科技人士窮數十年光陰，才發現上述眞理的重要性，產業界則甫領悟這個道理。管理階層如想知道未來產業與組織的面貌，最好在科學與科技裡尋找線索，因爲一個領域的變化經常也會在另一個領域浮現。

注釋

❶柯達公司在經理費雪（George Fisher）的領導下，正改變它的應對文化，注重品質、會計責任與週期時間。費雪彙整了柯達公司產品部門的研發結果與銷售部門的研究，決定柯達公司未來的策略重心應放在數位相機。

❷這是我的另一本書《放眼二〇二〇年》（與戴維森合著，一九九一年出版）的重點。所有的企業都會製造「溢散的訊息」，也就是未受重視，因而溢散掉的訊息。如果企業能抓住這個訊息，引導到生產上，就會創造商機，甚至比原先製造這個訊息的核心產業還要獲利更豐。我們稱這種訊息爲「渦輪式訊息」，美國航空開發出來的沙布利訂位系統，就是一個很好的例子。美國航空好多年來在核心事業——載客方面都虧損累累，但是沙布利訂位系統卻讓它們轉虧爲盈。該公司的執行協理奎藍德（Robert Crandall）諷刺地說：「如果上帝眞的要讓人有飛行能力，祂就會讓航空公司賺錢。」

③見於張德勒所著《看得見的手》（*The Visible Hand*, Cambridge Mass.: Harvard University Press, 1977)

❹IBM過去十年不斷縮編，生產部門也越來越不重要。

❺以前許多電腦元件都是需要連線的硬體，現在已經在晶片上軟體化。蘋果電腦的發明人凱恩（Alan Kay）說：「所謂的硬體，不過是軟體尚未成熟前的產物。」

❻方便使用是人體工學軟體的主要發展概念。

⑦詳細的討論請見諾貝爾獎得主普利戈金（Ilya Prigogine）與史坦格（Isabelle Stengers）合著的作品《渾沌中的秩序》（*Order Out of Chaos*, New York: Bantam Books, 1984）

❽過去十年裡，通用汽車從皮培洛（Ross Perot）手中買下了EDS，隨後脫手。但是那段時間裡，它成為通用汽車最具價值的資產。

⑨見於雷區所著《美國新疆域》（*The Next American Frontier*, New York: Times Books, 1983）（雷區現為美國勞工部長。）

⑩見於兩人合著的《服務業美國！》（*Service America!* Homewood, Ill.: Dow Jones-Irwin, 1985）

⑪同前。

⓬現在情況已經改變了，伴隨著電腦價格下滑，現在許多小公司也負擔得起電腦整合生產系統與彈性生產系統。

5

五種科技的引爆

大量定做

大量與定做，是互相矛盾的。
但在未來的新經濟體系裡，
大量定做卻是率先上場的概念。
我們看到：商品與服務既在量身定做（局部），
也在大量生產（整體）。因爲，
整體其實是局部的同時呈現。

我們都是獨一無二的。

（這句話是誤謬的。）

當新經濟成熟了，它會發展出適用的新概念、理論、模型與架構，而不是承襲工業經濟時代的遺物。率先上場的是大量定做。

以襯衫為例，大量生產作業是指同時間裡大量產製同樣規格的東西，譬如五千件一模一樣的襯衫，這時每件襯衫都是生產作業的局部。但是否有一種科技可以同時間生產五千件襯衫，規格各有不同，生產速度不變，成本也不增加？這時每件襯衫在生產作業裡，各自是個整體；但同時，也是生產作業裡的局部。

大量定做是個互為矛盾的世界，不管是處理一個商品、服務、市場或組織，它都既是量身定做（局部），也是大量生產（整體）。新科技可以處理整體裡的極微小部分，而且處理速度極快，令你錯以為它是同時處理所有微小的差別。速度與處理細微的能力是新科技的里程碑，也是商品與服務邁向大量定做的基礎，更讓我們看出，整體其實就是局部的同時呈現。

五種新技術

大量定做的時代降臨前，技術必須先成熟到能夠做經濟運用。本書一再強調的觀念是：先有科技發明，才有新的產品、產業與市場，然後才有管理新產業的組織模型。本章裡，我們將探討五種有趣的新科技：全像攝影術（holography）、電腦平行處理（parallel processing）、定做晶片（customized chips）、基因工程（biogenetic engineering）與定做觸媒劑（customized catalysts）。

●全像攝影術

全像攝影術的概念，最早是由匈牙利裔的英國科學家賈保（Denis Gabor）於一九四七年提出，並因此獲頒一九七一年的諾貝爾物理學獎。全像攝影術也和許多科學發現一樣，必須經過數十年的等待，周邊技術雷射發展完成，才變成可供運用。

全像攝影是以無透鏡拍攝的立體攝影，像生物學家華生（Lyall Watson）所形容的：「當兩個雷射光束交會，會造成干涉圖形與各式紋路，可用相片記錄下來。如果雷射光束透過其他東西，如人的臉孔，折射時，形成的圖形會非常複雜，但依然可以記錄下來，那會是臉孔的立體攝影。」全像攝影是三度空間的影像，不是沖印在相紙上，而是投射在空中。有點像立體音響，聲立聲音響不存在於兩個喇叭裡，而是在兩個喇叭之間的空間裡。

全像攝影術對產業而言更具意義，那就是「如果影像可以拆解，局部即可重構爲整體」，對大量定做來說尤爲重要，誠如佛姬森所言：「整體的密碼存在於所有的中間環節。」影像的不同細節構成了整體，一如大量定做裡一件量身定做的襯衫，既自成一個整體，也是整個生產作業的局部。本章結尾，我們還會再仔細討論這個乍聽之下令人迷惑的論述，現在我們必須討論新的科學發現，以及它們如何被運用在產業與組織上。全像攝影術在以下三個領域廣被利用：干涉量度學（測量、分析），全像顯影（三度空間顯影）與全像光學（光的操控）。

干涉量度學是一種可以讓測量精準到十萬分之一吋的技術，比光的波長還小。即使是書夾夾紙的痕跡，利用干涉量度技術也可測量其夾痕厚度。這種精準度讓工程師可以一窺產品內部的結構，即使小如分子亦可觀察，進而調整極微小部分的規格。阿拉巴馬大學應用光學中心的考菲德（H.John Caulfield）表示：「利用全像攝影技術記錄一個物品，我們可以加熱或加壓，讓它產生極微小的改變，然後再用全像攝影記錄下來，會發現前後兩次攝影如果重疊，它們雖仍同處一個相同的空間，卻有了差異。物理學上時間、空間的基本定理幾乎不存在，效果眞是驚人！」

人類的知識仍是有限，譬如我們知道某個變化的因果關係，卻無法知道因果的過程。全像攝影術讓我們掌握了現象的變化過程，不再知其然而不知其所以然。我們每多「知其所以然」一點，就多了一些應用知識。考菲德舉衝擊波爲例：「全像攝影讓我們知道燃料如何燃燒，汽車、飛機的氣流如何流動，鼻腔噴劑與點火系統應如何設計，蒼蠅如何飛行，核子反應爐心如何散熱。」

至於全像顯影雖普遍用於廣告與娛樂業，最大的價值卻在科學與醫學。配合電腦使用，全像顯影可以展示氣象圖、海流、地形圖、石油蘊藏與細胞成長。醫師則將一張張電腦斷層掃描 x 光片，變成立體的頭顱影像。要將平面資料轉化成立體影像，需要用到全像攝影術與電腦的配合。更重要的，工程師可以利用這種技術在三度模擬空間裡設計汽車、飛機零件或其他東西。現在的電腦輔助繪圖汽車廣告，還只是在電視或雜誌這樣的二度空間裡做三度空間模擬而已。

設想如果所有的影像都可以立體呈現，而不僅是三度空間模擬，世界會有多大的不同。電視即將邁入立體時代，設計生產電視的產業，製作、傳送節目的單位，其產業結構與組織將完全改變。

就儲存、隱藏、辨識與保護資訊而言，全像顯影也是一項便宜好用的技術。發行信用卡的公司，一發就是數百萬張，張張都很容易僞造。一九八六年，九千萬張萬事達卡都經全像顯影處理，處理成本每張僅兩點五分美元，卻讓僞造者無法變造。護照與鈔票也都有全像顯影的保護。未來，個人全像顯影標記將取代現在信用卡的簽名。

全像攝影光學元件（HOEs）比傳統的透鏡輕巧、便宜，可以針對不同的波長調適生產。最明顯的例子是超級市場的收銀台，利用全像攝影光學元件可以掃讀商品的全球商品條碼（Universal Product Codes）。此外，汽車上連結了電腦的透明儀表板可以顯示各式資訊，好像懸浮在車窗上，駕駛人不必再低頭看儀表板。懸浮於空中的全像攝影線條，可以讓你瞄準炮擊目標，也可以標示出大霧裡飛機跑道的位置。

科學界才剛開始運用全像攝影術，要到成千上萬的產品都使用到這種技術時，我們才會確知這項新技術會對產業造成何種衝擊，接下來才能探討它對組織的影響力爲何。但是我們還是可以問：如果運用了全像攝影的立體觀念，產業會是什麼面貌？全像組織又是什麼？

●平行處理

電腦運算原則最早是由數學家馮紐曼（John von Neumann）提出來的。電腦的中央處理器每次只能從主記憶體接收一個指令、一個資料，在處理結果送到磁蕊記憶器前，都有短暫空檔。這個空檔對我們來說非常短暫，但對以幾十億分之一秒做爲運算單位的電腦來說，資訊來回的空檔實在長得叫它不耐。

數十年來，電腦工程界一直試圖突破這種「電子停工」。但馮紐曼的電腦序列執行觀主宰了大家的思惟，只能靠微縮化來解決問題。縮小電晶體，盡量擠在積體電路上，讓資訊序列執行時的距離縮短，有助減少「電子停工」時間。但就像塞在車陣裡的車子，靠得越緊就越熱。拼命微縮化，會讓電線熔掉。

解決方法需要觀念的大轉變，擺脫序列執行觀念，朝同時運作思考，讓許多中央處理器分別處理一個工作的不同部分。這就是電腦的平行處理概念。

有平行處理功能的電腦可以超速運算，運算能力是以每秒鐘能做多少浮點運算（floating point）爲計算單位，百萬浮點（megaflops）意指一秒鐘可做百萬次浮點運算，十億浮點（gigaflops）則是一秒鐘可以做十億次運算。一九七〇年，艾立亞克四號（ILLIAC IV）一秒鐘可做五千萬次浮點運算；十年後，系帝系公司（Control Data）的人工智慧二〇五號（Cyber 205）浮點運算能力爲四億。一九八五年，克雷研究公司（Cray Research Inc.）更進一步打破速度極限，它的克雷二號（Cray-2）一秒鐘可做十二億次浮點運算。到了一九九〇年，「克雷三號」的浮點運算能力可望達到一百億。IBM也在建造一個有百億浮點運算能力的超級電腦。日本的通產省也預計在一九九〇年開發出百億浮點運算的超級電腦，美國國防部高等研究計畫局（The Advanced Research Project Agency of the U.S.Defense Department），則預計在一九九二年可以推出十兆浮點運算的電腦。①

這樣大規模的量變勢必造成質變。追求電腦的超級運算速度，原是爲了克服科學研究的複雜問題，包括核融合能源、癌症的基因工程療法。快速電腦讓科學家可以對不對稱分子做結構分析，或者研究分子的運動。設計更好的汽車、更安全的飛機，都是超級電腦的實際運用。到了二〇〇一年，超級電腦的應用將普及到輔助企業轉型至大量定做。

目前超級電腦數約才一百多台，到一九九〇年前，每年平均會增加兩百到五百台。更重要的，將來不是只有電腦主機才有平行處理器，個人電腦也會擁有平行處理的能力。麻省理工學院電腦科學實驗室主任德杜薩斯（Michael L. Dertouzos）預估十年內，個人電腦會進步到擁有一百個平行處理器，進入這樣大量定做時代，軟體會出現瓶頸，因爲現在所有的軟體仍是序列執行觀念，而非平行處理。

●定做晶片

昨日的先進科技，今日會變成普通商品。科技的日新月異，縮短了產品的生命週期，也讓產品研發成本很難回收。唯一的方法是把研發成本轉嫁給消費者，但產品必須與消費者個別需要緊密連結，否則消費者不會有興趣分攤廠商的研發成本。讓消費者擁有定做的晶片，聽起來像是不可思議的大投資，卻是電腦業未來趨勢。

電腦這個行業經常有標準產品生產過剩危機，因此未來晶片製造會越來越趨向針對個人需求定做的積體電路，或者半定做的積體電路。當然標準規格晶片還會有它的市場，但會逐漸變成墊底商品，由低成本路線的廠商來供應。當眾多的電晶體、電路交換可以全部擠在一個微小的晶片電腦上時，當然要盡力發揮它所有的潛能。廠商如果要讓消費者一起攤銷研發成本，必須讓消費者在設計階段就參與，創造大量定做的個人晶片。

軟體設計業剛和電腦業分家時，曾設計出一些消費者根本無法使用的軟體。定做晶片的硬體設計也會有相同問題，它必須非常趨近消費者的個人需求，生產設計階段可能必須讓大批的消費者親身到工廠參與。雖然針對個人需求而定做生產的積體電路，或者半定做的積體電路，一九八五年的市場佔有率只有百分之十二，但到了一九九〇年至少會增加一倍，往後每年只要成長百分之十，到了二〇〇一年就會取得市場主導。如果美國不想輸給日本，就必須在定做量產的晶片電腦上加把勁。

英代爾、摩托羅拉、國民收銀機公司（NCR）、美國無線電公司（RCA）和一些專門店，都生產這種積體電路，直徑約六吋，比起標準的四吋積體電路，它可以容納兩倍多的晶片，加工費用增加不多。以往工業時代裡，廠商會把工程成本轉嫁給消費者，新經濟時代則動員消費者參與研發、工程、製造與配銷等附加價值環節。以定做晶片來說，消費者參與的是工程設計的部分，透過新式的電腦輔助設計工具，消費者可把實現特殊處理功能的詳述（specification）寫進晶片裡，讓消費者的角色更趨近生產者。

未來不僅個人所需的詳述可以寫進晶片裡，晶片物質的原子也可以訂製設計。美國電話電報公司貝爾實驗室就把一個十個原子的凝塊，重組成具有半導體的功能。

●生物科技與基因工程

另一種推動大量定做的科技突破是生物學。自從孟德爾在十九世紀提出基因理論後，我們知道基因決定了遺傳，雖然要到一個世紀後，科學家才發現基因的結構。一九五三年，克里克（Francis Crick）與華森（James Watson）發現了DNA的雙螺旋結構，才展開了現今的生物學革命。從那時開始，科學家才知道生物特徵是如何傳遞，也才能直接操作基因，開啓基因工程新紀元。現在生物科技與基因工程已能做商業使用，也就是由研發邁向大量定做生產，最常用來生產神奇藥物。

農業時代，傳統療者爲病人調配天然藥草，不同病人有不同配方。工業時代，人類學會量產療藥，剛開始的藥品多是治百病的多功能療藥，當時最有名的笑話是，專利藥品會治癒令你致病的「細菌」。工業時代後期，量產藥品才慢慢變成針對不同疾病，研發不同療藥。

早期的藥品研發經常需要試驗數千種化學物，才能找出合適的化合物。療藥功能是直接摧毀疾病，而不是尋找深藏在分子生物學裡的致病基本原因。

現在科學家發現，酶、荷爾蒙、遺傳因子主導了細胞活動與神經束，如果它們功能異常，不是出現不該有的活動，就是該有某種活動卻沒有。透過對這些活動的觀察，分子生物學家可以找到控制這個活動的基因，一旦辨識出來後，特定的酶就可以被分離出來，雖然它在人體內數量極微，卻可以用人工方法大量複製。分子生物學家在染色體上下漫步，搜尋可以修補治療的基因段。這個領域雖始於顯微世界，但它的科學突破帶來了科技運用，最後產生了新經濟的產業核心，那就是定做量產的藥物。

最有名的例子就是神奇的單株抗體。抗體是人類抵抗外來侵略物的第一道防線，一九七〇年代，英國研究者發現結合製造抗體的細胞與癌細胞的方法，複製了大量的超純、單株的抗體，它會直接殺死癌細胞，而不會損害正常組織。

藥商現在不斷試驗產製這類藥品，嬌生公司（Johnson & Johnson）發明了一種抗體，可以阻隔摧毀移植器官的白血球。其他公司則埋首研究抗癌抗體，用來治療多發性硬化，或是每年造成八萬人死亡的院內感染疾病。多發性硬化是某種原本應該攻擊細菌的白血球細胞，突然功能異常，造成神經細胞脫髓鞘斑，新開發的神奇藥物可以直接摧毀這種白血球細胞。

人類史上第一種疫苗是金納（Edward Jenner）在一七七八年發明的天花疫苗。儘管在那之後，約只有十種廣泛運用的疫苗上市，但現在已有另二十種疫苗正在研發階段。二〇〇一年前可望通過美國食品藥物管理局（FDA）審查上市的有愛滋病、水痘、霍亂、格魯布性喉頭炎、病毒性腹瀉、痢疾、淋病、血清性肝炎、感染性黃疸、生殖器疱疹、瘧疾、腦炎、咽喉炎、傷寒與蛀齒疫苗。

傳統的疫苗接種是將已死的病毒或細菌注入人體，讓人體產生抗體。問題是它偶爾反而會造成原本打算預防的那種疾病，或產生比染上這種疾病還嚴重的副作用。新式疫苗集中攻擊疾病，風險相對較低。

科學家甚至認爲可以研發出癌症疫苗。目前最好的癌症治療法是及早發現、手術切除。現在的癌症研究則試圖找出免疫系統中不爲人知的物質，予以合成，大量複製。基因科技公司（Genentech）目前正在研究如何把抑制癌細胞增長的加瑪干擾素，與可以摧毀腫瘤的腫瘤壞死因子（TNF）結合在一起。另一種癌症治療途徑也有可能量產上市，那就是分離出讓癌細胞不正常增長的基因，然後開發出可以量產上市的單株抗體。

另一種可望在二〇〇一年開發上市的神奇療法是蛋白質工程，改良體內特定的化學物，讓它可以選擇性地阻隔病變，再以化學合成方式量產上市。由於這種藥物是化學合成的，不可能被身體分解，所以可以口服，消化系統不會摧毀它。

分子生物學的成果能夠定做量產上市，關鍵科技是利用全像攝影術的電腦模型設計。美國衛生局（National Institute of Health）研發出來的電腦繪圖，讓科學家可以從分子結構看到藥物對身體蛋白質的反應。有了這樣的工具，未來十年，科學家可以像設計汽車、噴射引擎一樣地來設計分子，大量上市，來幫助人類打擊、預防疾病。

這類的研發非常花錢，研究新藥的實驗室建造費動輒上億美元，一年的營運費用也高達七千五百萬美元。這使得大藥廠的研發費用急遽上升，一九八五年就超過四十五億美元。天

文數字的成本支出，將使一些生化科技藥廠熬不到二十一世紀，存活下來的藥廠，將以定做量產神奇藥物爲主要業務。❷

●定做觸媒劑

美國一年約有七千五百億美元的產品，生產過程需要觸媒，這約佔掉全年四分之一的生產毛額。即使到了現在，觸媒還是一項神祕的藝術，大部分的研發工作仍是遵循傳統的嘗試錯誤法。化學家知道觸媒可以讓一個東西從A狀態變成B狀態，但是不知道爲什麼，又是什麼機轉造成了狀態的改變。

如果科學家了解觸媒的機轉，就可以針對特定化學產品製作觸媒。譬如自然觸媒酶雖然速度較慢，但是卻會選擇性地將天然原料轉化爲化學物。觸媒製造業未來的目標就是設計生產這類選擇性觸媒，而非發現它。

定做設計的觸媒可以量產千萬種定做設計產品，譬如化學劑、人工纖維、藥品、維他命、肥料、除草劑、殺蟲劑、塑膠、黏合劑，甚至食物、燃料。

石化工業就是一個好例子。石油與天然氣都是由碳氫化合物組成，但是石油裡的碳氫化合物十分緊密，容易運送或精煉；天然氣裡的碳氫化合物就十分鬆散，運送天然氣必須先降溫至液化狀態。液化天然氣雖然昂貴危險，但是礦藏豐富，許多都未經開發。

如何尋找一種具有高度經濟效益的天然氣轉化方法，變成石化工業的一大課題。化學轉化法似乎是關鍵，未來五年內，我們將可能把天然氣（甲烷）直接氧化爲甲醇。如果偏遠地區的天然氣可以在開採處就轉化成甲醇，將會比液化天然氣方便運送得多。

過去五年，科學家已成功改良沸石這種觸媒，根據一位艾克森石油公司（Exxson）的化學家表示：「這種矽鋁氧化物的結晶體有著完美的分子幾何結構，也就是我們所謂的通道。經過設計，沸石的通道可以讓特定形狀、特定大小的分子穿過，而排斥其他形狀大小的分子，因而可以用來引導特定的反應，讓我們想要的產品分子穿過。用沸石做觸媒將天然氣提煉的甲醇，轉化成高辛烷數的汽油，只需要一個步驟就可完成。同一種觸媒的改良品，則可以製造新的化學阻斷劑，用來改善塑膠。」

一向以科技優異聞名的蜆殼牌石油公司，則使用缺乏經濟效益的費雪-崔卜西法（Fischer-Tropes）法，試圖將馬來西亞的天然氣轉化爲汽油。如果你能成功地將馬來西亞豐富的天然氣礦藏轉化成汽油，轉化過程裡也會產製出許多具有高度附加價值的產品，而且比汽油更方便運送。如果想要成功，必須想法設計新的觸媒。

費雪-崔卜西法用三步驟，製造出氫與一氧化碳合成天然氣。第一個步驟是製造阻斷劑，第二個、第三個步驟把阻斷劑結合成新產品。第一個步驟就佔掉百分之八十的成本，但是眞正的目標卻在第二、第三個步驟所製造的新產品。如果能在第一個步驟省下百分之十的成本，就代表整體成本下降了百分之八。如果有一種新的觸媒可以簡化第一個步驟，未來十年，石化業將有極大變化。

未來石化工業上游，會有越來越多的收益來自第二階段、甚或第三、第四階段的產品，代表石油開採工業將日益仰賴高科技，明白技術是如何運作的，而不是僅僅知其然而已。而新的觸媒則提供石化下游工業更便宜的量產技術，取得競爭力，特殊產業也可能開發出新產品。

從「發現」轉向「設計」，無疑也會對石油公司的組織產生衝擊。傳統的觀念執著於尋找、發現、開採、提煉石油天然氣，由於產品的生命週期長，石油公司可以好整以暇地仰賴經驗，以嘗試錯誤法尋找石油。未來有了觸媒設計工業，石油公司的領先時間將會縮短。

目前，石油公司的專家員工多是機械工程師與土木工程師，而不是化學家。其實，石油公司應當積極培養化學家，以免被專注於機械、土木的石油開採文化淹沒。另一個領域就有一個殷鑑，ＩＢＭ一直專注於資訊處理，忽略文書處理，直到這兩個領域的市場區分開來後，ＩＢＭ已經失去進入個人電腦市場的良機。

各種可以大量定做的商品

我們前面已討論了一個產品既可以是整體的局部，又自成整體；我們也討論了哪些科技讓大量定做得以實現，它們包括陶瓷、電腦輔助設計／生產、專家系統、光纖、雷射、塑膠聚合物、自動控制儀器以及許許多多的新技術。

・服裝

光是有實現大量定做的新科技還不夠，我們還要知道運作原則，以下就是個好例子。我不幸有個大脚丫，當一九八四年美元／英鎊匯率還很高時，我向倫敦訂購了一雙鞋子，他們卻說要六個月才能交貨，簡直瘋了，我好像還置身在農業社會。我當然可以購買生產線量產的鞋子，一些公司只有少數款式有我這種「零碼」，我也可以忍耐六個月，等待定做的鞋子。後來一位鞋業專家告訴我，雷射裁切、加上自動控制技術，讓我可以在鄰近的鞋店下單，數天後定做的鞋子就好了，價錢和生產線量產的差不多。

此外，我身高六呎七（兩百零二公分），很難買到合適的襯衫。美式襯衫的袖子夠長了，但身長不夠。大量定做解決了我的難題，每三個月，一位香港裁縫就會下榻此地汽車旅館，我找他量身定做襯衫，襯衫上甚至還繡有我的姓名縮寫，而不是YSL三個字。交貨時間是六個禮拜，價錢和店面賣的差不多。

如果你到香港，你甚至可以在二十四小時內拿到一件量身定做的襯衫。在日本，百分之六十的男用襯衫是挨家挨戶銷售，百貨公司雇用的推銷員隨身攜帶十打左右的襯衫供客戶試穿，客戶可以挑選不同的顏色、款式與質料量身定做。這些都是「任何時間」、「任何地點」、「大量定做」觀念的雛形，雖然尚未達成即時的境界。

服裝工業能夠大量定做，是因爲他們混合質料、式樣、顏色的方式。某家公司可能生產一種襯衫，有十種款式、十種顏色，但只有一種質料。另一家廠商的襯衫則爲一種質料、一種款式，但有一百種顏色。雖然這兩家廠商都必須準備一百種庫存樣品，但是第一家廠商其實只提供消費者十種選擇，第二家廠商卻有一百種選擇。羅夫・羅蘭（Ralph Lauren）剛開始創業時，市場策略就是一種質料（棉質交叉織法）、一種款式（短袖、單一款式領口），但是顏色繁多。幾年後，規模擴大，他又加了第二種質料（鳥眼織法）。班尼頓公司（Benetton）也是採用相同策略。

大量定做不見得處處管用，有時也會遭逢文化障礙。某義大利成衣商告訴零售商說，他可以大量定做襯衫，每件售價比標準量產的襯衫約貴一成，十五天才能交貨。六個月下來，他總共只賣出了兩百五十件這種襯衫，同時間，生產線量產的標準規格襯衫卻銷售了二十萬件。他後來的解釋是義大利人追趕流行，量身定做不能現買現穿，因此，義大利服裝店裡的長褲，褲脚都是已經縫死的。但是在法國，百分之八十的長褲都在小型店裡販售，這種店不可能堆放許多存貨，所有的褲脚都未縫上，老闆兼裁縫幫客人縫褲脚。

服裝業大量定做的歷史已有幾十年了，而越來越多的製造業、配銷業傾向大量定做，因爲這讓交貨時間縮短。電腦輔助設計／生產系統可以瞬間改變生產規格，針對客人量身剪裁布料，完全不需要停機。能夠大量定做的公司，就比對手多了競爭優勢。

・玩具

幾年前風靡一時的捲心菜娃娃就是大量定做的好例子。我不知道別人怎麼想，我個人認爲這種娃娃棒透了，這些娃娃就像我們的孩子，模樣各有不同，卻是大量生產。捲心菜娃娃也是靠電腦輔助設計／生產系統，讓每個娃娃都長得不太一樣，還各有一紙不同的收養證明，前者是製造的大量定做，後者是大量定做的行銷手法。捲心菜娃娃售價雖比普通娃娃貴一些，卻創下了數百萬美元的佳績。

・建築

日本建築業似乎比美國同業更懂得掌握大量定做的精髓。美國人不太喜歡工廠量產的住屋，認爲價格雖便宜，品質卻不好，也沒有個別特色，只有大項目的選擇空間，譬如兩房或三房。相對的，日本從一九六〇年代開始發展大量定做住屋，成果豐碩。

日本的大量定做住屋製作流程是這樣的，業務代表會花數小時與客戶溝通，然後在個人電腦上設計出你想要的房子。客戶可以在兩萬個不同標準組件中，選擇自己想要的款式拼組房子，有點像用樂高蓋房子一樣。客廳加寬一呎？沒問題！左邊角落加個超音波浴缸（Jacuzzi）？沒問題！如果想將飲茶室移到房子的另外一頭，只要在電腦上按鍵，它就會幫你完成設計調整，列出所需材料。

房子設計完成後，業務代表只要按鍵，就可以將設計圖傳回工廠。工人再自一個長達三分之一哩的裝配線上切割所需材料，只要一台吊車、七個工人，不到一天的時間就可以裝好屋頂與牆壁，剩下的細工則需三十到六十個工作天。一棟建於東京市郊的大量定做住屋，兩層三房，配有電子感應設備，可以警告住戶瓦斯漏氣或洗澡水滿了出來，還設有自動輸送設備，主人只要按鈕，它就會自動從廚房倒飲料，送進主臥房。這樣一棟房子外加一個小花房，含土地及建造費用，售價僅十一萬美元。

美國建築業者參觀過日式工廠量產住屋後反應兩極。其中一人說：「如果不說，沒有人看得出來這是工廠生產的房子。」有人則說美日兩地市場不同，大量定做的房子在美國不會有市場。在我來看，曾經具有高度競爭力的美國，在很多新興市場上，反應都是如此消極。

日本發明了一種牆壁新材質"pelk"，看起來有點像泥磚，是一種防火材質，比水泥隔絕效果好，重量也只有四分之一，可以隨意凝塑，不必上漆。擁有六十億美元的美國住屋市場，會改用這種材質，以及其他日本公司發展出來的技術嗎？美國住屋市場會變成大量定做嗎？

日本三澤國際住屋商品百貨公司（Misawa Home's International Product Department）的經理小西說：「美國承包商只是裝配商，他們利用現成的材料、配備拼裝房子。讓消費者覺得向這家或另一家公司買房子，沒什麼差別。我認爲美國的小建築商應當引進日本的建屋技術，建立自己的形象。」目前美國最大的組合式房屋公司一年銷售兩千棟房子，而日本公司一年卻可以做到四萬棟業績。如果美國建築商不快轉型爲大量定做，到了二〇〇一年，就會被市場淘汰掉。

・農業

一旦大量定做的技術成形，就會滲透到各個部門，包括農業。幾年前我在義大利演講，一位肥料公司的經理舉手發言，他說當義大利還是農業時代時，大家都用天然肥料，邁入工業時代後，用的是化學肥料，「現在我們針對土質的不同需要調配肥料，目前是以公頃爲單位，未來，可能會縮小到以平方呎爲單位來調配肥料。」

・家用品

從設計、製造到配銷，每一環節都可能大量定做。其實大量定做的觀念早就運用在某些行業裡，只是大家不知道而已，譬如組合單元化，它是零件標準化，但到了生產的最後一個環節，卻是符合消費者個人需要的定做生產，叫做「賣場式定做」（point-of-sale customizing）。以音響來說，你可以買A廠牌唱盤，B廠牌擴大器，喇叭則是第三家產品，拼裝出來的是符合個人需求的音響，放置在同樣是組合式的家具上。又譬如，你可以在瑞典的IKEA家具店買到簡單的香草色沙發，有多種布料與不同的靠枕組合，這也是零件標準化，組合單元化。套句某公司的名言：「對消費者來說，每一樁購買都是定做；對廠商來說，每一樁銷售都是標準化生產。」

・汽車

工業經濟的產業核心汽車工業，狀況亦如是。汽車工業剛萌芽時，生產線所推出的車子，每一輛都一樣。一九二〇年代，汽車公司開始每年推出新車款，產品多元化變成趨勢，譬如消費者可以選擇不同顏色，現在又可以選擇不同造型。選擇越多，一模一樣的車子就越來越少。第一批出廠的八十五萬輛Rabbit車款，只有一萬五千輛長得一樣，其他的，或多或少不同，有大量定做產品的獨特性。

換言之，消費者現在可以走進汽車展示間，挑選符合他個人需求的定做組合，但是對廠商來說，它依然是工廠量產。提貨時間可能需要數星期，售價卻幾乎沒有差別，在日本，提貨時間只有幾天而已。日本人的作法是讓汽車經銷商根據地域差異來決定車款目錄，消費者挑選好了後，再向工廠下單，因此要生產什麼樣的車子，決定權其實在商品價值鏈的最後一環——遞送系統。

服務業的大量定做

除了農業、建築與汽車工業外，服務業也有大量定做的趨勢。工業時代裡，大量生產的地圖上面可能沒有使用者所需的細節。現在電腦取代地圖，讓旅遊者、推銷員與消防車可以迅速找到路徑。傳統的地圖即將變成骨董收藏品。

後勤系統公司（Logistics Systems Inc.）已在連鎖旅館、汽車俱樂部裝設詳細的地圖索引，只要投幣幾分錢，即可告訴客人下一個目的地的路徑，此外還提供餐館資訊與沿途有趣的觀光點。

根據《華爾街日報》（一九八五年四月十八日）所述：

> 美國三大汽車公司，還有日本、歐洲競爭對手，正在研究一種可以裝在車上的先進地圖系統。克萊斯勒的車內電腦裡有全美各區域、多達一萬三千種的地圖。透過全球衛星定位系統（Navstar）發射出來的信號，這個車內電腦可以追蹤車子的行進路線，顯示在儀表板的銀幕地圖上。克萊斯勒汽車公司估計這個系統可以在一九九〇年上市。
>
> 其他小公司的電腦儀表板地圖可能會更早上市，但是市場區位不同，專攻包裹運送公司、

貨運公司、推銷員與急難救助車輛的市場。❸

・**電視**

許多年來，三大電視網主宰了電視市場，讓公共電視或地方電視台只能局限在小收視群。但是有線電視宣告了大眾化、沒有區隔的收視時代已經結束了，現在進入了大量定做時代。有線電視雖然並不針對收視戶量身設計節目，但提供了數十個頻道選擇機會，這已經是「半定做」了，每個頻道鎖定不同「分眾」。有線電視加上錄影機、頻道數量增多，再加上收視者可以自由控制收視時間，創造了幾近量身定做的影視娛樂。

・**餐飲**

日本東京班尼海納連鎖海鮮餐館（Benihana of Tokyo）的創辦人青木，讓餐館也能大量定做。他的餐館每天只提供十五種不同的鮮魚，但顧客可有多種不同烹調選擇，譬如煎魚就有廣式、川式、上海式或泰式煎法；燜煮法則有加州式、日式與法式；此外還有清蒸或中式、挪威式水煮法。如果要吃嫩炸鮮魚，也有希臘式、巴黎式、佛羅里達印第安河式、路易斯安那州濃黑式四種不同炸法。至於燒烤鮮魚，則有西式、新潮派與羅馬式三種烤法；油炸法則有天婦羅式、路易斯安那法式與義大利式三種。

結果是：該餐館僅以生產線般的中央廚房，卻提供了兩百八十五種烹調選擇，和它的座位數差不多。美國人近年來越來越愛吃魚，一九六六年，平均每人一年消費十點九磅的魚，一九八五年，上升到了十四點五磅，一九九〇年還可能增至三十磅。因應這種趨勢，克羅格連鎖超市在價目表旁列出一百五十種海鮮食譜，顧客買魚，還可以選擇購買搭配好的配料。

・廣告

產業在大量定做的時代，是以區位的觀念提供特定服務給特定的顧客。以廣告業來說，如果兩個人看的是同一個電視節目，但是廣告不同，就是以大量定做的觀念提供服務（廣告）。如果兩個人可行，爲什麼不可能是二十二個人？付費電視技術讓廣告可以精確選擇目標。

・報紙

報紙早就有大量定做的觀念，隨著派報不同，讀者拿到的是有不同區域分類廣告、分版後的報紙。雖然報紙還是有傳統局限，無法讓每個讀者都拿到量身定做的報紙，但是現有的技術已經可以讓讀者選擇他要的專欄作家、漫畫家與區域版。譬如你想看「親愛的艾比」專欄，但不要「露斯大夫」專欄；或者你要看「加菲貓」，但是不要「唐思路比」漫畫專欄。你也可以選擇要地方休閒娛樂生活版，或者是多出一頁的評論對版（op/ed），由《華爾街日報》與《紐約時報》評論版組成。目前各報的發行部正與各大資料供應社協商付費方式。想想看，你是不是願意多花一點錢，擁有一份符合你個人需求的報紙？

・資訊

資訊是新經濟時代的重要資源，電腦碟片正是讓資源可以大量定做，變成無限多種產品與服務的工具。碟片雖是一種標準量產的商品，但裡面所含的資訊則是量身定做，由消費者來完成最後的製造。另一種以同樣形式大量定做的產品是卡片，透過郵寄或電傳，以下步驟可完成卡片製作與發送：

配備

個人電腦

彩色電腦銀幕

彩色印表機

軟體

電話線

過程

打開系統

叫出卡片軟體

叫出目的選項——耶誕卡、生日卡……

選擇形式——幽默、詩意……

選擇封面—不同形式

顏色

致意對象——母親、兒子……

選擇句子與簽名

傳送

接收

打開系統，閱讀電子郵件欄，看到有一封卡片
叫出卡片，在銀幕上看到卡片
插入彩色報表紙，按列印鍵
按存檔鍵，將來還可以看
或者將這張卡片再電傳給其他家人

其他選擇

透過MCI的卡片系統傳送
他們會根據你的寄送名單傳送，每件收費兩美元
你可以加上個人的問候語
你也可以自己畫卡片

專欄作家古德曼（Ellen Goodman），認爲「大量生產的獨特性」完全是一種「現代錯覺」。她的話有一點道理，許多大量定做都只能處理瑣碎小事，給你一種私我化的錯覺，但它同時也代表了數千萬美元的業績。當漢堡王打出「隨你所欲」口號時，它的策略是讓顧客可以定做選購，求取市場區隔。漢堡王的啓示是：**產品生產標準化，服務量身定做化**。

傳統上，有錢人才負擔得起精緻的量身定做，沒錢的人只能忍受標準化產品。幾十年前

的機器繪圖就是大量定做的好例子，它縮短了貧富兩者的差距。諷刺的是，幾十年後的現代前衛畫家，也是擅於電腦繪圖，仰賴數學遠超過美術素養。

未來學者托佛勒相信，定做生產線可以讓每個人都擁有量身定做的產品，不管是房子、車子、衣服、漢堡或生日卡片，大量定做將可讓經濟民主開花結果，追求最高的分母，而不是屈就最低的分母。

同樣的價格，標準規格產品與量身定做產品，你要選哪一種？再度，產業界的答案很明顯，能夠掌握大量定做生產技術、配銷系統的企業，將比對手更具優勢。

市場的區隔

除了產品大量定做外，企業未來也會逐漸側重大衆市場的「量身區隔化」。早期的市場是以地理位置區隔出來的地區性市場，貨品不多，也沒有什麼產品區隔。當農業經濟逐漸成熟，才開始針對當地居民提供具有區別特色的產品，當時重要的市場都位於通商要道上，此外就是外銷市場。

工業時代的市場也循同樣的路線發展，先是產品一致，而後慢慢針對市場不同，有了區隔變化。一直要到工業經濟的末期，區隔機能才眞正成熟爲「市場區隔」，也就是一個完整的市場可以分割。

有了市場區隔，廣告可以瞄準目標。其實只有極少數廣告需要涵蓋所有的人，數百萬男士看到指甲油廣告、數百萬女人看到刮鬍水廣告，就是毫無必要，貓食廣告也毫無選擇地瞄中了養狗人。輝托通訊公司（Whittle Communications）自從幫顧客慎選廣告曝光媒體，讓客戶的廣告集中瞄準可能的消費者後，十年來每年營業額的平均成長幅度高達百分之三十六。

今日，即使最簡單的產業也知道尋找市場區隔，但就算大產業，市場區隔策略也是有限，僅是將市場大餅切割成數大塊，下表就是常見的市場分類法，事實上，正確的區隔需要比這更細膩的方法。

●更細膩的區隔法：區位

老實說，區隔還不算是精確名詞，更好的說法是「區位」（niche），意指可以從整體切割出來的部分。根據下表，中上收入、東北部、剛開始學步的小兒、醫生都是代表不同的市場區隔，區隔標準可合併使用，譬如年輕的專業人士、男性勞工階級、英格蘭女性主管。

基本項目	類別數	組成元素
性別	2	男，女
收入	3	低，中，高
地理	4	東，西，南，北

年齡	4	兒童，青少年，成人，老人
職業	4	藍領，職員，主管，專業人士

當市場區隔出來後，區位的數目也就出來了。顯而易見的，很少有公司可以進攻所有的市場區位。儘管已經市場區隔化，但是依然未達到最終的完全分化，新經濟時代市場的最終分化是什麼？

那就是「個別顧客」，不管它是個人，還是一家公司。這種個別顧客不再像前工業時代的消費者，只能享受有限的量身定做的商品或服務。而廠商雖是以市場區位法瞄準個別顧客，但是商品生產卻是大量與定做同時兼顧。

在達到全球性的大量定做之前

大量定做的市場概念是指：如工業時代般的大衆市場，但提供前工業時代般的量身定做服務與商品。圖A即是市場演化圖。

不是只有內銷市場才有這種演化，同樣的循環也不斷發生在全球市場。一九六〇年、七〇年代是所謂的多國公司年代，多國公司被認爲是最成熟的企業形態。到了一九八〇年代，大家開始批評多國公司缺乏效率，投入過高的成本以滿足各國市場的需求差異。批評者認爲

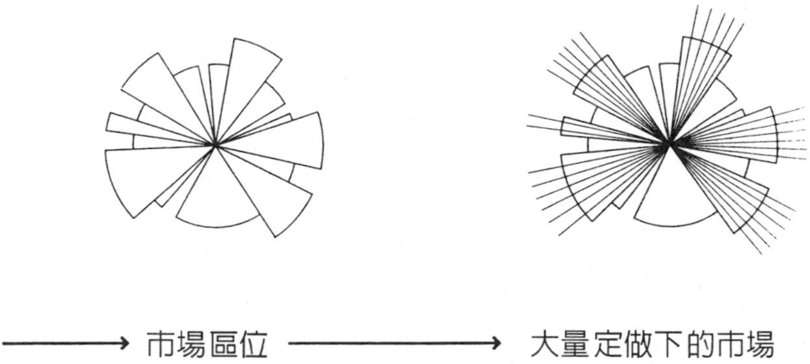

多國公司從來就不是「多國」，不過是同時在數個「內銷市場」做生意的「多國內銷市場公司」。

現在的企業贏家是「全球公司」，它將全球看成一個完整的市場，並認定一點：不分國家，所有的消費者都在尋求一種全球性商品。全球公司的產業功能決策，不管是研究、設計、工程、採購、製造、行銷、銷售，還是配銷與服務，都以全球做考量基礎，跨國協調所有產業功能，選擇最具優勢的國家執行單獨的經濟活動。全球公司的信念是：科技讓全世界普同化，標準規格消費產品的全球市場因而崛起。

●多國公司與全球公司

多國公司與全球公司的分野，必須放在一個「互」的爭論脈絡裡去探討，獨特性與全球化孰優孰劣的爭辯永遠不會有答案，因為沒有誰對誰錯的問題。**現實上，多國公司、全球公司不過是經濟演化過程裡的不同階段，兩者都不是最終階段。**

在世界所有角落，以同樣的手法販售同樣的產品，

市場發展 (圖 A)

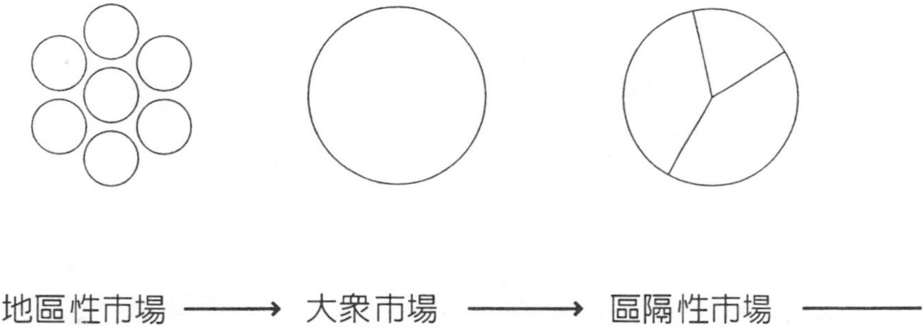

其實根本不是什麼新觀念，可口可樂、好萊塢電影、李維牛仔褲、新力電視多年來一向如此。新的全球產品有烏茲衝鋒槍、奇瓦士蘇格蘭威士忌和世界汽車概念。全球公司則爲上述手法增添新概念，它們認爲：「世界各地的一切東西都越來越相像，因爲人類的喜好結構已經無情地同質化了……沒有任何東西可以豁免。」就因消費者的品味與需求同質化了，廠商也就傾向最適宜生存的單一化，包括產品、服務、價格、品質，保障與遞送系統全部全球標準化。

許多原因讓一個企業邁向全球公司，包括內銷市場已經不能滿足，在外銷市場取得領先可以消化產品；利用外國低廉的勞工與原料；藉由數個國外市場攤銷高科技成本；因應貿易障礙的消除或者因應運輸成本。不管全球化的動機爲何，結果一定是簡約化與效率的提高。

全球化解決了工業經濟的傳統難題，一直到最近，大家還是深信，標準化量產與高度分化的消費者，是經濟結構裡遙遙相對的對立面，一個要求低價位，一個要

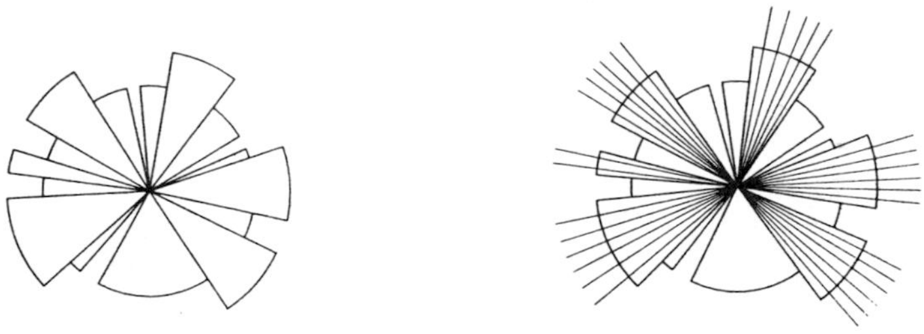

→ 全球化市場區位 → 全球化大量定做

求高品質，兩者互不相容。全球化追求簡約與效率，可以同時滿足高品質與低價位的需求，唯一的缺點是產品線無法多樣化。

不管是多國公司或者是全球公司都無法解決另一個矛盾：那就是全球化與定做生產無法同時並存。但，就像我們在第一章裡所討論的「九點圖」（見第30頁），人們如果躍升到一個夠大的架構裡思考，矛盾自然獲得解決。多國公司與全球公司其實是在錯誤的非黑即白思惟架構上進行論戰：

・支持獨特性的論者，認爲科技無法達成全球文化的同質化。

・全球化論者認爲，全球標準化會提高品質、降低成本。

●先找到下一波市場模型

老實說，選邊站毫無必要。兩者並非對立的兩面，它們不過是邁向全球大量定做時代的不同階段罷了。當然，這個最終目標還遠得很，比較實在的方法是看看下

全球市場發展 (圖 B)

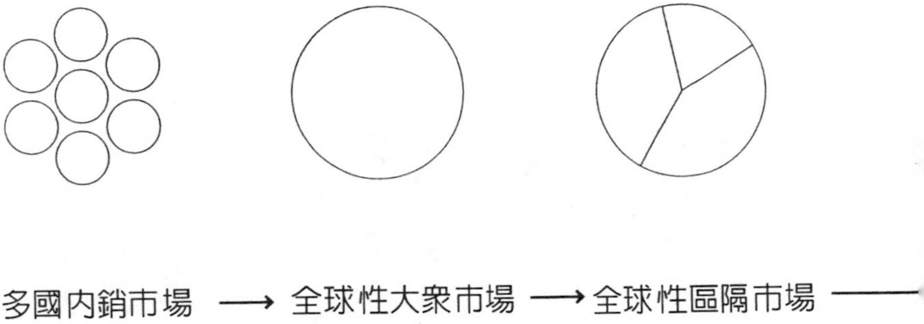

一波市場模型是什麼。首先，我們必須先對市場的演化有新的架構觀念，請參考圖B。

內銷市場的演進也會複製到全球市場上(見圖B)，我們從多個內銷市場轉化成不講究個人區別的全國性大衆市場，又再轉化成全球性大衆市場。不管是全國性或全球性，大衆市場在生產、配銷、行銷或管理上，都有極大的規模經濟效益。工業經濟的工具是全國性大公司，新經濟時代的工具則是全球公司，兩者的差別是，全球公司不會在大衆標準化生產這個階段就打住。

美國還在大衆市場初期時，許多人認爲大衆不會滿足於大量產製的商品，但是福特汽車公司發明了生產線，民衆接受了大量產製的產品，因爲它提供了一般人可以接受的低價位。不久後，消費者又傾向區隔化的產品，廠商開始引進市場分割觀念，在規模經濟基礎上，提供具有區別特色的商品或服務。同樣的演進流程也會發生在全球市場，在全球標準化量產階段後，全球性的區隔市場會緊接著誕生，超越國家界線，航向高品質與低價位兼具的時代。

至於全球化商品區位與全球化大量定做兩者並存的時代，不會那麼快來臨，或許要到二〇〇一年才可能實現。基於不同的理由，某些產業停留在內銷的時間會久一點，某些產業則會較快進入全球化階段，以幾種產業爲例，它們的全球化速度順序是：水泥、製罐業、包裝食品、工業機械、藥品、電信、汽車、消費性電子產品、半導體、電腦、商用飛機與噴射引擎。

可口可樂就是一個全球標準化的範例。當可口可樂只有一種品味時，它在全球市場的各個區位都販售同樣的東西；當可口可樂將自己的品牌分割爲新口味、傳統口味、低糖、無咖啡因時，它是以全球市場作爲分割區位，而不是以國家做爲切割線。由此觀之，組織政治學已經超越了獨特性／全球化的爭議，證明兩者都對。在分割市場、產品區隔間存在著商品差異；但區位裡，仍採標準化量產。

不是所有產業的市場演化都呈線形演進，對某些產業而言，某些階段或可重疊，甚或直接跳過。譬如，一個公司或許會跳過內銷市場區隔化階段，直接躍向全球市場區位。某些上游產業可能會因全球的生活形態與品味迅速同質化，而躍向全球市場區位。某些下游產業則可能因降低成本因素，而選擇全球性市場區位。兩者都可能不等待中間市場產生變化，才跟著變化。

不管哪種情況，一個公司必須了解產業演進圖，決定自己的產業要站在演進圖上的哪一點，爲自己在全球生命週期的卡位展開佈局。

單一市場，但滿足多樣需求

產品個別區隔的最終邏輯是單一市場，在這個市場裡，以大量產製方法滿足消費者個別需求。再度，電腦讓這個終極目標越來越可行。最明顯的例子就是零售商利用交易系統電腦輸入資料，取得結果，幫助完成交易。零售業者利用交易系統電腦，讓油漆調配、染髮顏色挑選、鞋號尺碼、衣服試穿、選配眼鏡等商品服務達成大量定做功能。

大量定做是指以大量產製的方式生產獨一無二的產品，**大量定做市場是指生產標準化，但是可以瞄準消費者的個別需要**。以油漆來說，最早的油漆有很多顏色調配選擇，邁入工業經濟初期，規模經濟的要求讓油漆顏色標準化，亨利・福特有句名言：「你可以要求任何顏色，只要是黑色都行。」那時車子的顏色都是黑色，而不是粉紅色或其他顏色，因爲黑色漆料是所有顏料中最易乾的。當汽車工業邁入每年推出新車款的時代後，車主也有了許多顏色選擇。不久，消費者更可以走進五金行，買到各式調配的油漆，大量定做的地點已經拉近到消費者的所在地。進入五金行，消費者先從一疊色票裡選擇想要的顏色，店員再把不同色素調進標準原料裡，幾分鐘後，客戶所指定要求的油漆就調好了。摩爾公司（Benjamin Moore & Company）更先進，它們提供五金行可以測量顏色樣本光頻的電腦，讓顏色調配更精準，結果讓店家的銷售量增加了百分之二十。

艾瑞斯公司（L.S. Ayres & Company）的「魔鏡」（Magic Mirror），可能是大量定做市場裡最神奇的產物。對許多熱愛血拼的女人來說，試穿衣服脫脫穿穿實在浪費時間，但光是看看目錄，或者是放在身上比一比，總是不夠精準。針對女人的需求，電子試衣間誕生了！消費者可以看到自己的臉蛋、手腳出現在電腦螢幕上，電腦再爲你一件件試穿衣服，換穿速度任你要求。一九八五年，艾瑞斯公司在三家店面試用「魔鏡」銷售克萊博恩公司（Liz Claiborne）的春裝，一個禮拜內，銷售就成長了百分之七百。「魔鏡」是法國產品，透過時裝系統公司（Fashion Systems Corporation）銷進美國，希望在一九八六年底前能租出一百五十部。租金、設計與推廣費用由零售店與成衣製造商共同分攤。

伊莉莎白雅頓公司所發明的「伊莉莎白」，是一種電子化妝系統，可以測量你的膚色、建議你使用何種化妝品，並在電腦螢幕上展示化妝後的效果，分割畫面可以同時顯示四種不同產品的化妝後效果，具有即時性，又可以克服許多消費者不喜歡被專櫃小姐在臉上塗塗抹抹，當衆展示的困擾。伊莉莎白雅頓公司在一九八五年共訂購了十九套這種系統，每套四萬美元。斐冷絲罕鞋店（Florsheim）也利用電腦來擴充目錄，讓穿零碼鞋的客戶可以透過電腦試穿兩百五十種款式的鞋子，而不用負擔樣品鞋庫存的壓力。試穿完畢後，只要按鈕就可以向中央倉庫訂貨。

如果你的產品線共有四千種不同款式產品，要怎麼辦？科爾全國眼鏡行（Cole national）也是用電腦解決這個問題，它將顧客的臉部特徵，以及顧客最喜歡的顏色輸入電腦，縮小顧客需要試戴的鏡架範圍，該公司已打算把它們設在喜爾仕百貨、蒙哥馬利・華德連鎖商店的賣場全部電腦化。

根據美國行銷科學研究院（Marketing Science Institute）估計，以目前的人口趨勢來看，一九九〇年以前，零售業的成長速度會很緩慢，大概只有百分之二點三。百貨業（百貨公司與連鎖店）的成長約爲百分之二點四，建材與五金行的成長爲百分之一點九，特殊器材與配備店成長幅度約爲百分之一點七，食品、酒類與藥品店成長則爲百分之零點八。雪上加霜的，陶其羅斯公司（Touche Ross & Company）的一份調查顯示，全美零售店面超出市場需求百分之五十。緩慢的成長加上市場空間供過於求，零售業者必須擴大市場佔有率，才得以生存，上述各種大量定做法門或許是一個救星。在此，邁向未來的關鍵仍是使用新科技，讓大量產製的商品與服務，可以滿足消費者的個別需求。

組織也邁向大量定做

當大量定做的技術、產品、服務與市場變得十分普遍，二〇〇一年左右，我們將會看到組織也邁向大量定做。

根據產業功能取向架構出來的組織，局部就是局部，而非組織的整體呈現。不管是研發、工程、生產、銷售、財務、或人事部門，都像蛋糕切成一片片，並不是完整的整體。

史龍在通用汽車所建立的工業組織模型，其實是大量定做時代組織模型的先驅。史龍的模型裡，決策與財務控管中央集權化，以產品分工結構爲中心，作業系統分權化。每一個產品分工都可視爲一個完整的產業（整體），但同時間它又是大整體（公司）的一部分。分工層結構有點像功能設計，在分工層裡，局部就是局部，整體只有一個，換言之，我們回到了「非黑即白」世界，一個實體不是部分就是主體，功能部門只是整體的一部分。但是到了分工層以上的單位卻可同時視爲整體，或視爲公司的一部分。

這種看似矛盾的組織設計，是在十五年前，受量子力學、相對論與海森堡測不準原理（Heisenberg uncertainty principle）的啓發才開始的。不管是科學、科技或者是產業，都必須面對宇宙眞理，那就是兩個互爲矛盾的現象的確可以同時並存，科學模型或組織模型都必須反映這個科學眞理。

繼史龍後另一個大突破是策略產業單位（SBU, Strategic Business Unit），是奇異電氣在一九五〇年代發展出來的，意指大整體裡的最小整體單位，界定標準爲：一組特定資源，因應市場需要，用來生產特定產品與服務，並可以與特定對手競爭者。我們要特別注意，上述界定標準是用來尋找策略產業單位，如果推衍到組織上，兩者所計算出來的最小整體單位，未必會一樣。就像科學家先發現原子，再發現電子，而後發現基本粒子，這些卻都還不是最小的物質。策略產業單位的誕生，啓發了我們思考組織的最小整體單位，是否也是一樣？

●員工企業家

就像大量定做的市場雖有最終的區別差異，仍然是在一個量產的市場裡，組織內部若要有最終的個別差異，還是要建構在許多個人組成的大主體上。只不過此時，個人在組織裡有不同的意義，每個「個人」都是一個組織，不再是大機器上的小齒輪，不是一部分。相反的，在公司這個大主體裡，個人同樣被視爲一個完整的主體。此處，我們所謂的「完整的主體」，和個人潛能開發，或者是「她是個完整的人」等意涵不同，而是個人這個層級就是一個完整的產業、完整的一個組織。最能形容大量定做組織的名詞是「員工企業家」（intrapreneur）。

屏邱特三世（Gifford Pinchot III）在他的名著《員工企業家》裡，將員工企業家界定爲「任何勇於實現夢想、在組織內勇於扛起創意責任的人」。這個員工企業家或許是個創意人員，或者是個發明家，但永遠是一個有辦法將構想轉化成賺錢商品的夢想家。相對的，屏邱特說：「企業家，不過是把員工企業家精神在組織外表現出來而已。」④

新經濟時代裡，企業家再度崛起是好現象。但儘管許多人自行創業，大部分人仍是受薪階級。如何釋放這些員工的企業家精神，值得努力。

狄卡斯楚（Edson DeCastro）之所以創辦通用資訊公司，就是因爲原先工作的迪吉多電腦公司（Digital Equipment）不支持他的電腦革命構想。後來通用資訊公司變成迪吉多電腦公司最大的競爭對手。雅泰利電腦公司（Atari）的賈柏（Steve Jobs）與惠普電腦的烏茲尼雅克（Steve Wozniak），也因相同緣故離開原來的公司，創立了蘋果電腦。員工的創意如獲賞識，通常他們都願意留在原來的公司，但是事實並非如此，使得風險資本家反而比大企業有更多獲利機會。

《員工企業家》中有一段致協理階層的備忘錄，屏邱特指出，大公司要留住創意人才，首先必須認知創意人才「在公司裡，其實完全是爲自己工作」。換成管理的術語，他們是公司這個整體裡的小整體，在（大）公司裡實踐個人的意圖，但兩者均能受益。換言之，**員工企業家大量定做他們想要的組織**。

屏邱特說，「有創意的大公司」不見得必然是矛盾修辭，大與小雖不能肩並肩，卻能以大圓包小圓方式並存，兩者皆可以既有創意又成功。針對個人需求量身定做的創意產品與服務，同樣也可以誕生在大公司裡。

●管理階層的權力遊戲

不過屏邱特的論述還是少了個體經濟學觀點。我曾在哈佛商學院教書十一年，那些年裡我一直認爲管理階層玩的是「金錢遊戲」，其實根本不是，他們玩的是「權力遊戲」，企業家才是玩金錢遊戲。如果要把企業家精神帶入大公司，就要改變權力的規則。要不，就是讓管理也變成金錢遊戲。

屏邱特的方案是權力遊戲，而非追求財富積極面的金錢遊戲。就像三〇年代的人際關係思潮學或六〇年代的個人成就動機論，屏邱特的理論強調追求成功的心理比財富還重要。他提供了一種象徵性的關係架構，在這個關係架構裡，個人獲得心理報償，老闆則大賺其錢。屏邱特鼓勵大企業創造內部資本，那是一種接近股權、資本的無形東西，它讓員工可以自由安全地展現創意。這是一種心理資本的累積，無須實際付出金錢代價。

授權經銷

新經濟時代另一種大量定做的組織模式，結合了企業家精神與大公司，讓它變成一種眞正的有錢人遊戲，叫做授權經銷。

當代的授權經銷概念來自本世紀初的的汽車工業與飲料業，到了三〇年代，石油公司四處設加油站，零售業也開始在各地有專門通路。速食業的授權經銷則在五〇年代才開始。由此可見，授權經銷的歷史雖悠久，但是在工業時代的中期才開始扎根。現在，授權經銷又有復甦跡象，但是和早年形態不同，邁向了大量定做組織模式。現在，我們先來討論什麼是授權經銷，它的形式爲何，它的觸角又展延至何處，怎樣才稱得上是成功的授權經銷。

授權經銷（franchize）這個字的本意是授予自由或特權，與今日的企業家精神息息相關。授權經銷是一種行銷方式，一種組織用來配銷服務的方法，是母公司授權某人或某個小公司，可以在一定的時間，特定地點，以特定方法銷售它的產品。母公司會提供經銷商必要的中央服務，包括廣告、定價、存貨與品管；經銷商則付母公司酬勞，譬如銷售的抽成。我們也可以換一個角度來看授權經銷，母公司提供資訊技術，以交換經銷商去冒財務風險。

・形式視配銷系統而定

授權經銷形式非常多種，端視配銷系統（製造商、大盤、零售、通路）的配置狀況。最早走向授權經銷制度的汽車零售業與加油站，是直接連結製造商與零售商。飲料裝瓶業者則是製造商與大盤間的連結。連鎖汽車零件店、五金行與藥房則是大盤與零售的連結。有的授權經銷是取得商標使用權，變成授權零售商，它還可以再做區域授權，一再細分到各個通路，這有點像組織金字塔，但是每一個層級都有自己的所有權。

工業經濟時代，授權母公司似乎都是有錢的大公司，經銷商則經常是資源有限的小公司，希望藉大公司的力量獲得成功。自從一九五○年代開始，情況改變了，許多成功的餐館老闆協助親友開一家跟自己一樣的餐館，越滾越大後，才開始經營加盟授權業務。

・成功的要素

許多專家認爲，成功的授權經銷包含下列要素：健全且容易複製的概念，已證明成功可行的原型，適當的融資，母公司與授權經銷商之間關係良好。⑤只要符合上述條件，幾乎所有產品，甚或無形產品都可授權經銷，尤其是商標與商品名。現今的授權經銷行業擴及會計、授信與收帳服務、工作介紹所、印刷與影印中心、稅務服務、清潔公司、模特兒經紀公司、便利商店、速食、旅館、洗衣店、旅遊與伴遊服務、家具修復、葬禮、禮品包裝、採購代理、保姆、草坪整理、護膚保養、美髮、糕餅。連銀行都進入授權經銷形態。

製造商與零售商的授權經銷約佔百分之八十的營業額，儘管它的通路有限。商標與商品名授權則是近幾年成長最爲快速的授權經銷模式，幾佔三分之一，但是只佔授權經銷業總業績的百分之十。一般來說，授權經銷佔掉全美國零售業業績的三分之一，美國商務部估計到了二○○一年，比例還會上升至二分之一。更驚人的是，根據商務部統計，約有百分之九十的新行業都經營失敗，但是授權經銷業失敗率只有百分之四而已。想想看，有多少加入授權經銷加盟業的人，根本毫無經驗，這個成功率實在驚人。

・滿足「擁有」的欲望

工業時代聚焦於產品，因此自豪地說：「製造一個好的捕鼠器，世界之路就會你而開。」新經濟時代側重市場，名言變成：「開出一條好路，全世界都會來買你的捕鼠器。」所謂的美國夢若欲實現，不僅要靠好的產品與服務，也要靠組織與行銷。

管理階層最大的渴望，是重新把企業家精神貫注到大公司裡，授權經銷可能是一個合適（且是被低估）的方法。而且授權經銷和員工企業家不同，經銷商可以自己做老闆。授權經銷商的名言：「這或許不多，但全是我的」，指出他們最渴望的是擁有自己的事業。

本章一開始討論了日本人如何大量定做住屋，美國也可以透過組織重整的手段，讓已經蓋好的成屋也像定做的房子。一般來說，獨棟住屋通常都是具有個別風格，相較之下，公寓就面目一致，格局相同。此外，獨棟房子屋主擁有土地權，造價較貴；而公寓則造價便宜，通常是租來的。如何才能同時擁有兩者的優點？

答案是分割讓購公寓，在這種公寓裡，每一間公寓都是整棟公寓的一部分，但又自成一個整體。外觀上，每一戶都一模一樣，但是住戶可以把牆壁打掉，自己規劃內部隔間，無須屋主同意。

●讓組織創新

授權經銷是一種組織行銷配銷的方式，因爲同時提供了企業家自由精神與有效的中央控制，而變成大量定做的組織。這是組織整體論概念的範例，每一個部分同時是整體的具體呈現。它同時也顯示，新經濟時代裡，核心功能如何從生產向下流動到行銷。其他的新組織形態演進也有往下流動的趨勢。配銷系統最後一環的零售業，最接近消費者，也最有可能做組織創新。

譬如我們看到，以往滿足消費者個別需求的肉店、農產品店，慢慢地由住家附近集中到大超級市場。但是小市場集中成大市場，就會失去針對個別客戶需求服務的特性。競爭對手找到了超級市場無法服務的區位，專門店、便利商店、美食店等應運而生。超級市場又如何因應呢？那就是在大衆市場裡做各式區隔，一如分割讓購公寓。今天我們走進一家超市，肉品區旁就是美食專賣區、熟食專櫃，工廠量產麵包區旁有現烘出爐的餅乾，蔬菜區旁販售有調配好的沙拉，普通包裝的什貨就擺在品牌專賣區旁。此外，還有桶裝的各式糖果、乾果，隨你秤重購買，一如舊時的雜貨店。以此觀之，現在的超市既大又小，專門化，同時也全方位經營。

同樣的情形也發生在服裝業、家具業與五金行。以往它們都是各有店面，後來整合到百貨公司裡。伴隨著百貨公司越來越大，這些部門也失去以往針對客戶個別需求服務的特性，這家的貨品與另一家沒什麼差別。雖然各專櫃在賣場設計上力求區別，但效果有限。最後的解決方案是規模不變，但講求內部區隔，開始有各式專櫃，讓百貨公司看起來像蜂窩，裡面每一格都代表不同區位，整合起來仍是一個大主體。有些百貨公司如先鋒廣場的梅西百貨（Macy's）或富能梅森百貨（Fortnum & Mason），裡面還有大規模超市。

此外，店面也開始採取集中策略，沿著社區的中心廣場設立，當郊區的人口越多，大型超市與百貨公司也進駐購物中心，下一步，就是把大店面與小店面結合成購物廣場。購物廣場也是既大且小，所有的店都面對同一個開放空間，消費者可以從這家店走到那家店，而不是從這棟樓跑到那棟樓。因此，購物廣場是在一個大整體裡面有許多小整體，每個小整體都投合了郊區居民個別的需要，以最方便的手段，實踐最複雜的功能。

擁抱矛盾

想要理解重要的經濟變化，必須先從導致變化的抽象前提下手，不管看似多麼遙遠，所有變化都演化自最早的前提。新經濟的抽象主旨，也就是本章一再強調的：**看似互為矛盾的現象同時並存**。

工業經濟理論的最大弱點，就是強調「非黑即白」，讓產業運作處處掣肘。根據這種模型，產品與服務只有兩種，一種是針對消費者個別需求量身定做的，不可能量產，因此單位成本較高；另一種則是標準量產，單位成本較低。在規模經濟的模型裡，產品不可能同時是量身定做，又同時符合生產線量產的低價位要求。魚與熊掌，不可兼得。

〈任何地點〉一章討論的也是相同問題。我們談到科學界對光是由波還是粒子組成的爭論，討論了組織集權化還是分權化的兩難，顯示現存模型還是建立在虛妄的二分法，魚與熊掌不能兼得。下面就是管理學上最常出現的兩難困境：

魚	熊掌
集權化	分權化
總部	外場
幕僚人員	線場人員
策略	操作
計畫	執行
重要	立即
任務導向	人員導向
公司	個人
成本	品質
過程	結構
層級	寬幅

彈性	秩序
專門化	整合

新模型克服了魚與熊掌不可兼得的困境，同時處理產業的對立面向，教我們接受互爲矛盾的現象可以同時並存。在工業經濟二分法時代裡，這是不可能的。一如本章一開始所舉的例子，襯衫不是量身定做，就是標準規格量產，但是我們也看到新科技讓襯衫可以大量定做，不爲矛盾所困，反而擁抱矛盾、超越矛盾。

還記得全像攝影術的威力在「影像如果能夠拆解，局部即可重構爲整體」。要達到這種境界，每個部分都必須內含「整體」的資訊。[6]這和工業經濟的機械論大爲不同，舊典範認爲整體就是部分的總和，但是在新的全像觀點，整體存在於每一個部分。

如果說整體存在於每一個局部，同時整體也是部分的總和，那麼這個整體在哪裡？如果說整體無所不在，也就等於哪兒也不在，亦即沒有空間面向。同樣的推論，也適用於時間面向，就像全像攝影不實體存在於空間、時間裡，只存在於頻率裡，所有的變化都是客體。聽起來有點詭異，超過我們的經驗範圍，卻是眞實的宇宙現象。

科學與科技裡有全像攝影觀念，產業與組織呢？記住，組織落在演進的最後一環，必須科技界先擁抱了矛盾並存的觀念後，產業與組織才可能接受它。譬如醫學科技可以讓病人存活於特異的狀態，引發了醫學倫理的爭辯：這個病人到底是活的，還是死了？如果心臟與腦部都已「死亡」，但身體仍可依賴維生設備繼續運作，這個病人是死還是活？整體裡只有局部是活的，有人就據此認定這個人仍是活的。當家屬同意器官移植時，病人身上還有「部分」是活的。更重要的，這個移植器官裡的每一個細胞仍含有捐贈者所有的生物遺傳密碼，整體是否依然在部分裡具體呈現且存活著？

這就是科學與科技顯示出來的基本抽象思考，如果我們掌握它，將會成爲理解社會、產業與組織的利器。譬如說，個人可不可以是整個家庭的縮影？軍人是軍隊的具體而微？員工就是「公司」？更或者，公司縮影在每一個產品，與每一項服務上？從消費者的角度望過去，的確如此。

科技將我們推進一個較爲完整的典範，從機械論觀邁進整體論觀。下一步，這個新的典範將會影響我們的產業與組織面貌。

注釋

①資料引自卡內基梅林大學與德州大學的研究數據。

❷生物科技產業是典型的短程發展期望過高，長程發展卻期望過低的例子。過去二十年來，光是在染色體接合這個領域，共有上千家公司合計籌資了兩百億美元，其中有八十億美元是在一九九一到九二年基因工程狂熱期裡集資的，到了一九九四年，這股狂熱退潮了。現在基因工程市場是廠商太多、馬上可以上市的產品與資金都太少。最後，只有走上合併之途。神奇藥物的大量定做，不會出現在市場尾端，針對個別病患生產不同藥品，而是在實驗室上游部分破解個別的基因密碼。

❸幾年後，出租汽車也會有這項配備，第一代設計可以做到告訴駕駛人已經開過頭了。

④引自見於屏邱特所著《員工企業家》(*Intrapreneuring*, New York: Harper & Row, 1985)

⑤引言出自《財星》雜誌，一九八二年十月二十八日。

❻情況類似於人類所有的基因訊息存在於身體裡的每一個細胞（唯一個例外是紅血球細胞。）

6

整體論觀點

電視選台器的啓示

在整體論的觀點中，整體不是局部的總和，

而是局部與相互關係的總和。

局部之間的相互關係，才是整體的意義所在。

對於組織來說，電視選台器是個例子。

對於產品來說，共同基金是個例子。

一個人低頭尋找遺失的鑰匙。鄰人問他掉在何處，他指了另一處地方。鄰人問：「那你爲何不到那處尋找呢？」這人回答：「因爲這裡光線較亮。」

納斯瑞丁・賀迦（Nasretin Hoca）

就像納斯瑞丁故事中的主角，我們勉強使用不合適的模型，浪費時間，只因它是現成的。本書提出的模型既不是「理論建議」，也不是遙不可知、假設中的未來。今日，整體論邏輯、時間、空間與質量的變化，都已深深影響了產業與組織，也影響了人。

衆多的改變，創造了一個看似充滿「模糊與矛盾」的經濟，有人稱它爲後工業經濟、服務經濟或者資訊經濟，但沒有一個名字能充分描繪它的複雜性。這種未來經濟，不管多麼後現代，都不代表工業部門已經終結，就像工業革命並未終結農業部門。農業、工業與服務業在複雜互動的系統裡同時共存。過去，當我們不再用農業時代的模型去經營農業、工業部門時，工業革命就誕生了。同樣的，現在我們必須停止使用機械論的、工業時代的模型，來經營今日經濟，而改採用一種嶄新的、涵括一切的模型。

100%適用的經濟模型在哪裡？

愛因斯坦曾形容，新的思惟結構點像登山，爬得越高，瀏覽範圍越大，也就越能包含在低處時所見的範圍，而非推翻它。

現今的農夫可以坐在電腦螢幕前操作，未必要坐在牽引機上，工業部門裡的汽車公司則變成貸款銀行。通用汽車自己發行商業本票籌措資金，不須向銀行融通。福特汽車公司直接貸款給購車客戶，金融業務的營業額還高過汽車製造部門。❶新經濟時代裡的銀行改變了單純的中介者角色，經紀業務的營收還更多。銀行如果堅持商業銀行傳統，以放貸與資產做爲本金，就必須壓低存款利率、提高貸款利率，才能創造利潤，但同時間，存款戶的資本必要報酬與銀行的投資報酬率也都會偏低。但銀行如果在放貸時，將它列爲流動資產，隨時可以在市場重新賣出，就有較多資金可供運用。這也是爲什麼有些銀行會將你的抵押貸款，轉賣給別家金融機構。當葛斯氏條款（Glass-Steagall Act）解禁後，商業銀行與投資銀行的界限就逐漸模糊，商業關係經理人、企業財務顧問與資金市場經紀人的領域也越來越密不可分。

●美國電話電報公司亟求更新

工業時代裡，廠商界定了營業方針；現在時代改變了，**消費者不斷改變的需求，才是界定產業的力量**。工業時代裡許多服務業巨人學到了教訓，進行大幅改變，譬如美國電話電報公司就因爲感受到新經濟時代的現實，而進行了全面的產業換血更新。

美國電話電報公司在未分家以前，是工業世界裡最大的公司，員工超過百萬人，總資產達一千五百億美元。它的主力業務是電話服務，七十年來一直遵守十二字箴言，那就是「一個系統、一個政策、全球服務」。但是現在美國電話電報公司的產業重心是全球性的電子潮流與資訊管理，連它的商標都不再是貝爾電話鈴，而改成電子全球圖樣，顯示營業方針的改變。該公司主導此次轉型的董事長布朗（Charles L. Brown）說：「貝爾已是歷史名詞了。」為了轉型，美國電話電報公司裁減了二十二個營業處及四分之三的大型資產。

美國電話電報公司正努力發展新的管理態度。市場的未知性取代了以往的政府保障，因而該公司必須改採風險取向，策略規劃部分加入競爭分析，資金回收計畫則必須因應產品週期的縮短，至於成本與售價估算部分，放棄以往的相互補貼政策，每一樣產品都以它的規模經濟來決定價格。

那些習慣美國電話電報公司傳統文化的人，沈湎於過去那種捧終生飯碗、按部就班升遷、高度忠心與集體一致的管理風格。但是該公司的管理哲學不得不變，因為新經濟時代裡憑藉新科技而竄起的新產業，不斷蠶食掉它的獨佔優勢，而如果美國電話電報公司不做全面組織更新，成長也會受到阻礙。轉型後的美國電話電報公司仍是比較適合舊時代，而非迎向未來經濟。很不幸的，多數公司均如此。

陷入這種狀況後，一個公司的產業／組織正常關係會逆轉，官僚體系應運而生。產業與組織是兩回事，前者運用資源製造商品與服務，滿足市場需要，以便與對手競爭；後者則管理資源的運用，是產業完成目標的手段。你必須先知道自己想做什麼，才知道怎麼做。組織是因應社會機構如政府、學校、教會與產業等的需要而存在，管理階層應有所認知：組織的目的是實踐產業目標，而非反過來，讓產業的存在變成為組織服務。

我對官僚體系的定義是：一個產業或者機構存在的目的，是爲組織服務。進一步衍伸：即一個公司用在產業上的能量不及三分之二，花在組織上的能量超過三分之一者。

一個公司如果出現這種現象，不僅是組織拖拉在後，也不僅是本末倒置，更嚴重的是舊觀念已經走入了死胡同，現在是需要一套全新世界觀的時候了。

●機械論觀點已過時

如果我們以百年爲一計，那麼新世界觀才進入萌芽階段而已。機械論觀萌芽於十七世紀初，一直稱霸到十九世紀中葉。不管是解析宇宙、經濟、產業與組織，機械論觀點都專注於組成的部分，卻犧牲了局部與局部間的互動關係。採用機械論觀點的人都是專研某個局部的專家，他們認爲每個局部研究透徹，組合起來，就構成一個整體。

這種將複雜現象拆解成微小組成部分的作法，其實正好與探索意義、預測、控制的目的背道而馳，讓實驗取代經驗，實證主義取代直覺。機械論科學與科技將天體與世界視爲一個巨大的機器，了解了宇宙機器如何運作，就可以自己設計一個，這就是工業革命的火車頭。同樣的科學假設也滲透到產業與組織的思惟架構裡，即便今日，所有的初級經濟學教科書仍以牛頓機械論爲假設基礎，認爲供需兩條曲線會自然取得平衡。科學理論催生新科技，新科技導致的新產業與新組織，全部奠基於這種機械論模型。

這種強調拆解整體爲部分的機械論觀，讓產業側重產品、資源與市場的分析，而忽略了互動關係。組織因而朝功能結構方向發展，聘用採購專家處理物質資源、出納會計管理財務、人事部管理人力資源、製造部負責產品，而銷售部門專注於市場。

當科學家將整體（不管是銀河、星球、生物體、細胞、基因或基本粒子）拆解成部分時，他們無法解釋是什麼東西讓部分組成起來，變成一個可以運作的整體。同樣的，管理階層如果將整體簡化爲局部的組成，不管是全球經濟、工業、公司、產業策略單位或者是經理人，都會面臨同樣問題，因爲這個模型的時間、空間與物質「焦距」都錯了。

愛因斯坦也說過，模型告訴我們可以觀察的東西是什麼。今日，要觀察與管理一個公司，必須有正確模型。以現今流行的機械論模型，我們甚至仍然無法預測利率、預估景氣衰退，或者同時控制通貨膨脹與就業率。經濟理論只能預測價格，而非價值。**價值是一種社會現象，價值背後的政治力將其編織進經濟網絡裡，完全無法以機械論觀點控制**。即使新近的經濟理論也是機械論取向，凱因斯理論無法刺激需求而不造成通貨膨脹，供給面學派的經濟學家，也無法不剷除經濟障礙就創造景氣榮景。

經濟學家普遍使用的競爭模型也是以亞當・史密斯的理論爲基礎，認爲市場自有一個完美機能。換言之，經濟學家將一個不完美的整體，拆解成一個個完美的部分，運用在理解或者控制經濟活動時，卻無法重組成一個令人滿意的整體。管理模型也好不到哪裡，至今我們仍無法預測一個購併行動，一個新產品會不會成功，也無法將品質與效率完美結合，或者讓創新與階層化同時並存。

總言之，我們不會用管理農場那一套來管理工廠，也不應該用管理工廠的模型來管理辦公室。我們須借用科學界從機械論邁向整體論的轉型經驗，運用在產業與組織轉型上。沈浸於西方傳統的管理階層，當然不會接受六〇年代人類潛能運動的復興，幸好，我們也不必向追求人性極限的東方哲學取經。

我們只要回想電視轉台器即可。以前你要從第二台轉到第七台，必須先轉到三、四、五、六台，才能到第七台，現在的電子遙控器卻可以直接由第二台跳到第七台。

組織也有同樣的今昔差異。在機械論工業組織模型裡，如果二號部門要與七號部門溝通，必須先經過三、四、五、六號部門；但是如果我們放棄序列階層組織，改使用資訊網絡型組織，二號部門就可以直接與七號部門聯繫。技術上它完全可行，是管理階層的機械論心態讓它無法實現，使組織在一個不適用於現實世界的模型裡蹣跚運作。

●整體論模型的角度

在整體論模型裡，整體不是局部的總和，而是局部與相互關係的總和；局部之間的相互關係才是整體的意義所在。里昂提夫的投入產出分析（Leontief's input-output analysis）就是經濟學整體論觀點最好的例子，這個分析理論選擇一個投入，追蹤它對經濟系統所有部分的影響，顯示整體整合投入的方式，遠比投入本身還重要。譬如，讓機器有電眼、機械人有手腳、電腦有人腦功能，這些技術的相互關係就創造了人工智慧。

機械論模型裡，不可或缺的是局部；整體論模型裡，不可或缺的是整體，而整體不只是局部的總和，它不僅比局部的總和還大，每個局部也都是整體的具體實現。科依斯特勒（Arthur

Koestler）創造了一個新名詞「整體部分合一」（holan），擁有「整體與部分合一」特性，就同時具有整合與自主運作的功能。

拿基因密碼來說，我們全部的生物密碼存在於所有的細胞中，並不是毛髮的基因密碼只存在於毛髮細胞，或者是血液、骨髓的基因密碼只存在於血球細胞與骨髓細胞。相反的，主宰毛髮、血液、骨髓的基因密碼存在於所有的細胞。

同樣的，人類頭腦的運作模型也不再是牛頓時代所理解的方式。我們對人腦的逐步了解已運用在電腦設計上，從早期機械化的電子腦袋，演變到今日相當複雜且具有整體論觀的主機。不管是基因密碼或者是電腦的設計，都可提供產業、組織做爲整體論模型思考的借鏡。

就像我們看點描畫時並不看一個一個的點，而是所有點構成的畫面，今日電腦設計也模仿人腦思惟方法。人腦思考方式並非局部的連續，而是全面理解。美國電話電報公司的貝爾實驗室是這方面研究的先驅，先後發展過類神經網路電腦（Hecht-Nielsen Neurocomputer）、染色體接合術（Synaptics）、神經科技（Neutral Tech）、啓示錄研究（Revelations Research）與內斯特電腦（Nestor），不斷測試實驗中的電腦晶片，透過緊密且高度連繫的網絡，模仿人類身體各部位的神經細胞傳導訊息到大腦的方式，科學家管這個網絡叫電子神經細胞。

思想、影像、感覺並非個別存在於腦部的某個神經細胞，而是分布於腦部的區域，同時間存在於許多部位。相對於傳統電腦的電路訊號是以序列階層形式運作，神經網絡電腦則是所有的電晶體平行處理訊號。這一點非常重要，因爲它可以讓電腦把隨機資料合成知識。只要顯示一張臉的某些部位，神經網絡電腦即可從別的角度認出這張臉。

根據平行處理理論發展出來的新數學，現在可以用來精確描繪直覺、效果、注意力與目標。根據史丹福大學神經心理學家普萊班（Karl Pribram）的說法，這些新數學讓「上述領域的整體論描繪，一如物理、化學與生物學般既科學又精準。」

科學所揭露的宇宙眞理，甚至上述的生物學眞理，不會只局限於科學領域，而同樣可以運用於科技、產業與組織，因爲它們都是宇宙的一部分。以產業來說，策略產業單位就是一個完整產業，同時又是屬於整個公司的一部分。再進一步衍伸，整個公司都可以透過每個產品、每個員工具體呈現。

●運用整體論的新產業

到了二〇〇一年，我們對整體論模型已經相當熟悉，它會滲透到組織管理，一如人類腦部是以整體論方式運作一般。不過，在那之前，整體論的觀念會先爲科學界所接受，然後再運用到產業上，慢慢的整個架構才會爲管理階層所接受。今日，我們不僅看到整體論概念運用在電腦科學與電腦科技，同時也改變了電腦這個產業。資訊以文字、資料、影像、聲音四種方式呈現，以前資訊業處理資訊的方式是：用電傳打字與打字機捕捉文字，列印後傳輸出去；電腦處理資料；相機、電影、電視、影印機、傳眞機處理影像；收音機、電話與錄音機則處理聲音。

數十年來，這些產業各自爲政。慢慢的，界線開始模糊，譬如電影最早只有影像，後來加入了聲音。又譬如電腦原本只做資料處理，現在則結合了文字、影像與聲音。原先以爲自己只是單純的電腦業者，現在卻突然發現必須與一堆原本毫不相關的行業，共同在新的資訊處理業裡競爭。

新的資訊處理行業的組成部分，包括硬體、軟體、電信傳輸設備、連接硬體與電信傳輸的交換機、服務以及連結這些組成部分的網絡。這些組成既是構成資訊處理業的局部，同時間也各自是一個整體，或者如電話、交換機與電話線般連結成線形鏈。能夠掌握未來的公司，懂得一件事：它與整體的關係建立於兩者的結合度，也存乎它與這個整體的其他部分的相容度。

工業時代的習慣是將組織切分爲一個個部分，重新組合爲一個整體時卻問題叢生，無法協調與整合。電腦業的結合論取向或可視爲組織改變的先驅，譬如具有整體論特徵的電子郵件取代電話，而總有一天，網絡型組織將取代序列階層組織。

在工業模型裡，如果一個產品是購買於原始需求市場（primary demand market），就有區隔性，妥善運用就可以形成品牌忠誠度，消費者不會去購買競爭品牌的相同產品。智慧型辦公桌器材市場就廣泛運用這種牢鎖消費者的策略。一九八七年，全美共有三千六百萬張辦公桌，半數都配備有顯示型終端機與可設定功能的電話，到了一九九〇年代，普及率將爲百分之百。原始需求市場競爭激烈，因爲大家相信你只要搶得先機，消費者一旦買了你的機器，後續的購買行爲，包括服務、軟體、新一代的硬體等，都會忠於你的品牌。這是簡單的連續

論——連續行爲裡的第一個行爲決定了後續的行爲。

當電腦與它的軟體相容時，連續論當然無懈可擊。但是從整體論觀點來看，電腦並不是啓動連續行爲的第一個東西，未來，誰能創造相容性產品，誰就搶得先機，這些產品與服務，把原先並不相容的產品連結起來。科技是創造相容、結合的大功臣，組織一如科技，必須重新聚焦於各部分的相容性，讓它們可以相互連結，並同時實現整體。在電腦業，這叫做隨機存取記憶體（RAM）。在組織裡，它還不存在，除非我們能建構出讓它容身的觀念。

相容強調各部分的連結，而且各部分只有在實現整體時才存在。各部分的重要性來自它能透過連結其他部分的能力，以達成更大功能。

新經濟時代的產物——共同基金，就是同樣的運作原理。共同基金的威力不在整合、協調各股，而在共同基金標的物的公司，在特定的領域裡互爲相容。對共同基金的操作來說，單獨一個標的物是沒有意義的。

新產業比較可能建立新管理觀念，由新的領導人建立起一套新組織，而不太可能出現於管理階層因循守舊的舊組織、舊產業裡。能夠抓住時代轉變的管理階層，將在未來取得決定性優勢。

聯邦快遞：新經濟時代的成功例子

本書並不是提出一個遙遠的、假設性未來的假設性建議——今日，時間、空間、物質變化的整體論邏輯，早已影響了產業、組織與人，聯邦快遞（Federal Express, FedEx）就是一個極佳的例子。

聯邦快遞創下美國企業史先例，它因爲發現新的市場需求，平地起高樓，光靠內銷市場，創立才十年，就讓公司每年營業額高達數十億美元。

聯邦快遞的構想，來自該公司的創立人兼董事長史密斯（Frederick W. Smith）還在耶魯大學唸書時的一篇報告。後來他到越南參戰。一九七三年，史密斯終於在家鄉曼斐斯實現了這個十年前撰就的報告構想——一個新經濟時代的新貨運系統。當時空運既慢又靠不住，而且通常只針對乘客做額外服務，史密斯看出，市場上需要能夠快速運送包裹文件的新服務。要滿足這種市場需求，必須建立一個全新整合的後勤網絡，區隔出空運包裹與傳眞文件以外的送貨運輸系統。

結果史密斯創建了一家「在全美及全球各地專門送件到府」的快遞公司。《資訊系統》（*Infosystems*）雜誌形容：「聯邦快遞要達成快速送件到府的功能，必須結合全國性計程車的出車能力、郵局的快速分件設備、航空公司的後勤系統以及銀行的顧客服務，可以快速查詢顧客的包裹文件下落。」

儘管看起來困難重重，聯邦快遞卻成爲美國成長最爲快速、最具有競爭力的公司。史密斯不僅創建了聯邦快遞，也建立了快遞行業的運作模型，這個模型正好反映了本書一直在探討的主題，史密斯說：「**聯邦快遞將時間、空間以及所謂的無物質因素當作資源，一如我們**

所重視的人力、技術與資金。」聯邦快遞的運作方式如下。

●與時鐘競速／在任何時間

聯邦快遞處理時間的方式，就像賽跑選手在突破記錄一樣：競爭對手不過是刺激你向前的因素而已，眞正的競爭對手是時鐘。一九八一年，聯邦快遞的調查顯示，當時最大的艾默莉環球快遞（Emery）只有百分之六十五的包裹文件可以保證在第二天送抵，聯邦快遞的眞正對手優比速航空快遞（UPS）則保證，只要送件地點是在他們的二十四個城市聯合網裡，第二天下午三點以前保證送達。根據這個調查，聯邦快遞把時間因素做爲產業的主軸，區隔它與競爭對手的距離。

一般大衆仍對航空貨運業者有刻板印象，認爲他們是邊抽濃菸邊搬運馬鈴薯與笨重機器的人。聯邦快遞則不做如此觀，決心改變大衆對航空貨運業的印象。一位公關業者分析得精闢：優比速航空快遞擅長運送不重要的、消費性包裹，時間不是個重要因素。聯邦快遞則精於處理趕時間的重要文件包裹。

聯邦快遞找出的新市場，就是新經濟時代裡時間至上，電腦零件、錄音帶、重要藥品、法律文件、支票及其他高價物品都是「時間敏感物品」，因爲「馬上需要」。史密斯給「時間敏感物品」下了這麼一個定義：「該物品如果不能在特定時間裡送達，嚴重性會遠超過其他損失。如果同時有兩家快遞公司，其中一家的效率高過另外一家百分之十五，但是後者比較便宜，顧客會毫不考慮的選擇第一家，他要快遞的東西就是『時間敏感物品』。」

聯邦快遞原先目標是保證隔天中午以前送抵，但是考慮到對手也會朝時間敏感物品進軍，所以他們不斷向時鐘挑戰。一九八二年，聯邦快遞的保證送抵時間提前到隔天上午十點半，一九八四年開始，更保證隔天十點半前沒送到，便退錢。一九八五年開始，他們的查詢服務也保證三十分鐘內無法查出包裹文件下落，就退錢。終極目標是顧客還等在電話線上，就可查出包裹文件下落；或者鼓勵那些與聯邦快遞公司電腦連線的客戶，自行透過電腦追蹤系統查索包裹文件下落。

這些行動都是將時間當作主要資源來管理，聯邦快遞的行銷部資深經理普萊絲莉（Carol Presley）說：「**重點是從顧客的角度來了解時間需求，盡量把它縮減到零。**」普萊絲莉說，聯邦快遞也提供到府取件的時間保證，雖然這並不保證包裹文件會較快到達目的地，但是「它的確使托運客戶感到如釋重負。」

策略上與戰略上，聯邦快遞都把時間當作一種寶貴資源，必須用外顯手法處理。這也點出了該企業的核心，他們的宣傳口號從早期的「我們是一個時速五百五十哩的貨運公司」；到了中期，把速度與可靠性連結在一起，變成「絕對保證隔天即達」；最近的宣傳口號則是「時間敏感文件的捷徑」，在在顯示時間是這個企業的核心，人力、科技與資金則是輔助資源，用以提供更好的服務。它的目標是「把時間減至零」，快速地為高價物品完成取件、送件。

●利用空間／在任何地點

聯邦快遞有兩種處理空間的方式，一個是全國密集的送件到府網絡（現已擴及到歐洲），另一個方式是「客戶自動化」，讓客戶在自己的地方完成許多服務的細節。

聯邦快遞的送件系統結合了貨車與飛機，這在以前是前所未聞。聯邦快遞的收件處包括全國十萬個收件桶、四百個營業中心、四百個收件櫃台、七百個改裝自福斯照相亭的收件亭，並在全國辦公大樓設有一萬兩千個有蓋收件箱及六千個無蓋收件箱。全美百分之九十的人口，約只需步行十五分鐘就可以找到聯邦快遞的收件處。聯邦快遞一收到件後，馬上電腦掃描郵遞區號，把資訊下載到網絡裡，兩分鐘後郵件追蹤系統即可建立起來。隨即，這個包裹就空運至轉運中心。

轉運中心是聯邦快遞送件系統的心臟，其中一個位於田納西州曼斐斯機場，另外三個預定地點則在紐華克、芝加哥與奧克蘭。曼斐斯轉運中心雖是從事服務業，卻發揮太空時代的生產功能，每天共有六十三個航班，第一班是晚間十一點，最後一班是半夜兩點四十五分，全美各地每天平均有七十萬件包裹在此卸貨、分區處理後再裝貨上飛機，送抵各地的信差，等著第二天一早發送。

這些包裹可能是一張紙、一張面額數百萬美元等著軋進戶頭的支票、一束鮮花、佛羅里達州的葡萄柚、電子儀器，甚至是一個等著移植的器官。有的包裹可能重達一百五十磅，卻可以在輸送帶上以每分鐘五百呎的速度行進。曼斐斯中心裡共有三千名員工，不少人是大專畢業。此地每個月平均參觀人次是一千兩百人，包括電視節目《六十分鐘》的製作群與美國陸軍。員工的精力與工作準確度都高得驚人，和傳統印象中的貨運業完全不相同，我一走進曼斐斯中心，還以是進了〇〇七的祕密基地。

●加強服務品質／無形的產品

爲了追求服務的品質，聯邦快遞不斷在送件、保證送抵、簽收手續、收帳等服務上推陳出新，以最低的成本提供最多的資訊服務。

聯邦快遞希望在五年內能將每日送件量提升四倍到兩百萬件，送件時間不變。根據該公司自動化系統部的資深副理龐德（Ronny Ponder）表示❷，聯邦快遞要達成這個成長目標，其實無需增加現有的資料鍵入量，而是讓客戶與聯邦快遞電腦連線，讓客戶自己在電腦上完成包裹查詢動作。現在，聯邦快遞讓客戶自己用電腦鍵入資料的件數，比該公司五年前一整年的送件量還多。到了一九九〇年，百分之五十的資料輸入會由客戶自己完成，龐德說：「很多人會認爲這樣一來會瓦解一個公司，這正是我們的目的。」

爲了完成客戶自動化目標，聯邦快遞公司在客戶處共擺設了幾千部原型機器，這種機器結合了電腦、磅秤、鍵盤、掃描器、螢幕與電話，會自動填寫發票、托運籤條、運費估算，如果客戶需要，還可以自動搜尋包裹下落。由於這種機器實在節約成本，因此每天送件五個包裹以上的客戶，聯邦快遞都在他們的辦公室擺上一台。龐德得意地說：「一旦他們用習慣了，就會越用越勤。」

至於每週託送一到兩件包裹的客戶，聯邦快遞會幫他們裝上較小型的「立方體2」（Cube 2）機器，可以裝在筆架上。龐德說：「對客戶來說，這種服務有附加價值，對我們來說，也縮減了營運成本，畢竟客戶自己塡寫資料比我們快得多。我們替客戶裝了這兩種機器後，使用率上升了，皆大歡喜。」

至於聯邦快遞的包裹查詢系統，可能是空間管理的最佳例子。試想，不管何時都可以在一百萬個郵件中找出特定的包裹，多麼神奇。聯邦快遞不斷增加交互追蹤系統管理包裹，飛出去送貨的飛機，與飛進來做包裹分發的飛機，貨量一定要一致，以免包裹遺失或被竊。不管是服務或者是管理，聯邦快遞都把時間、空間當作關鍵資源，用來改善服務、提升效率，超越競爭者。

當聯邦快遞越變越大，比所有的對手成長得都快時，他們開始思索成長的極限在哪裡，怎麼樣才能維持策略優勢，答案是把競爭場域由有形商品轉到無形商品。開始的嘗試慘遭挫敗，後來卻成了大贏家。他們的錯誤嘗試是一九八六年推出、後來被傳眞機打敗的「快郵」(ZapMail) 服務，共賠損了一億九千萬美元。最後贏得成功的嘗試是「後勤、電子商務與庫存服務」(LEC&C，Logistics, Electronic Commerce & Catalog)，這個營運計畫爲聯邦快遞創下六億美元營業額，預計在二〇〇一年時會攀至十億美元。「後勤、電子商務與庫存服務」旨在提供客戶最快的庫存盤點資訊。

通常庫存的成本分爲五大部分：維持庫存量（32%），運輸（23%），倉庫（20%），訂單處理（18%）與管理執行（7%）。整體來說，庫存成本在公司的配銷成本結構裡，已由一九七五年的百分之三十四上漲至一九九三年的百分之五十二，每個公司都大感吃不消，成本上漲主要原因是「時間」難以管理。

譬如，到底是要維持多少天的庫存量才夠？高價產品與低價產品的庫存策略應當一樣嗎？補貨的速度應當怎麼和庫存配合？你的庫存原則是「第一時間供貨」，還是只是「預防萬一」？這些困擾讓許多公司了解競爭重心應放在產業核心，而不是處理後勤的能力，因此將庫存盤點這種後勤問題交給「後勤、電子商務與庫存服務」這樣的單位來解決。

「後勤、電子商務與庫存服務」的整合能力讓客戶得到答案，更有效率地達成目標，包括減少庫存成本、更有彈性地滿足客戶需求、併貨減少支出、不必永久投資即可測試新市場，全球追蹤各地倉庫庫存。「後勤、電子商務與庫存服務」還可以幫客戶消除中間人、併貨業者與生產瓶頸，讓客戶可以專心於滿足消費者需求。

「後勤、電子商務與庫存服務」一共提供四項後勤服務，「零件銀行」(Parts Bank) 讓客戶可以把他們的倉管、包裝、成品倉庫移師到聯邦快遞在全世界各地的轉運中心。「退貨與補貨整合系統」(IRR) 則取代公司的外務系統，把以前一個月才做一次的查貨補貨，縮短爲一兩天一次。「併貨系統」(EMerge) 是個內部整合服務，根據消費者需求，把出貨地點不一，相隔可能數千哩遠的貨品併貨處理，在同一時間裡送抵客戶手中。「後勤、電子商務與庫存服務」的資訊系統則透過「電子資料交換」(EDI，Electronic Data Interchange) 自動處理、追蹤、管理客戶的後勤活動，包括存貨盤點、電傳服務、電子付帳與即時報告。❸

總而言之，聯邦快遞將時間、空間當作重要資源，勝過傳統的人力、技術與資金等資源。它的主力對手——傳眞機在遞送無物質的服務上遠比它出色，迫使聯邦快遞撤出資訊輸送網絡的市場，回歸它最擅長的包裹運送。

●注重大量定做

聯邦快遞也注意到大量定做的概念，根據該公司營業部主管巴科斯岱爾（Jim Barksdale）❹表示，他們無法針對每一個客戶提出個別解決方案，但是卻能給客戶個別的關注，以期讓每個系統都能針對客戶個別需求而自動調整。

最明顯的例子就是電話查詢服務中心每星期要接百萬通電話，平均每四件包裹，就會有一件包裹的主人打電話進來查詢，每一通電話都有專人接聽服務。對經常被迫聽電腦語音，或者電話音樂等待的人來說，聯邦快遞的查詢服務令人感到窩心，他們規定每通電話不准響超過四聲，超過四聲才接聽，就扣服務人員的業績。對聯邦快遞來說，每一通電話都是他們服務顧客的機會。

另一個大量定做的服務項目是「800免付費電話」，可以告知客戶，距離他最近的聯邦快遞收件處是哪裡。此外，聯邦快遞也讓每個客戶有個別服務的感受，客戶打電話進來，報上帳戶號碼，接線生面前的銀幕上就會自動顯示客戶所有的個人資料。這種高級的服務令人聯想到一些高級旅館，客人打電話進去，接線生馬上可以叫出他的名字。

此外，聯邦快遞的運送與收帳系統也有大量定做的特色，這兩個系統先分「運往何處」與「何處收帳」兩大項，下面再分出「集中處理」、「分區處理」兩項，然後聯邦快遞公司根據客戶的選擇（譬如集中運送但分區收帳），提供最適合的運送與收帳方式。他們的「軌道系統」（ORBIT system）一天可以處理二十五萬件帳款。此外，他們在大客戶的出貨區設有計費機，每晚可以處理四萬件包裹。巴科斯岱爾說：「僅僅五年前，整個聯邦快遞一整晚收件都不到四萬件，而收款單上面還沒有個別的管理資料。」

聯邦快遞的計費機會掃描包裹上的條碼，掃描資訊同時自動輸入該公司與客戶的電腦系統裡。客戶可以用他自己的方式追蹤包裹，聯邦快遞也會同時追蹤包裹，但是兩者的資訊整合在一起，同時滿足了客戶、公司的需求，也兼顧了兩者的關係。

●良好的內部組織管理

聯邦快遞在處理客戶上，眞的是以驚人的方式管理時間、空間與無物質資源，同時也能讓服務達到大量定做的境界。但是他們的組織呢？

毫無疑問，聯邦快遞是管理得最好的組織之一，否則也不可能平地崛起，創造出百億元的資產。儘管如此，聯邦快遞還是無法把經營產業的新觀念，完全貫注到組織中。

但以目前普遍的組織狀態來說，聯邦快遞仍是出類拔萃的。譬如他們的薪水高居曼斐斯市各公司之冠，也是快遞行業的第一名。他們有不少獎勵措施與分紅制度，也貫徹內部拔擢、門戶開放、決不裁員政策。他們對工會的看法是：管理不良的公司才會有工會。該公司人事部資深副總裁柏金斯（James Perkins）說：「那些員工自組工會的公司，都是管理不良，活該。如果管理得很好，員工根本不會要求團體協約。」這是個絕對沒有工會的公司。

聯邦快遞也逐漸揚棄雇用兼職員工，一九八六年，該公司百分之二十一的員工爲兼職，百分之三爲臨時工。一九八七年三月，他們鼓勵員工成爲全職工作人員，每週保障工作時數三十五小時。兼職的人則待遇較差，而且如果在預定時間之前完成工作，還要罰錢。鼓勵員工投入全職工作，比較符合該公司追求快速送貨的目標。

這個例子證明，聯邦快遞逐漸認知他們必須像管理客戶的時間因素般，來管理員工的時間因素。聯邦快遞百分之六十的員工直接和客戶接觸，公司要求他們即時滿足顧客的要求，員工也會以相同態度要求公司。

以一九八三到八四年爲例，聯邦快遞在十八個月內員工人數成長了一倍，大部分的員工都穿制服，當時還沒有「第一時間庫存」觀念，如果一個員工身材特殊，或許就要等上數個禮拜的時間才有合適的制服可穿，在那之前，這名員工都無法工作。他們自然會想：「如果我們可以在第二天就將客戶的制服送抵，爲什麼無法以同樣的邏輯替員工準備制服？」聯邦快遞最後將這個時間差縮減到僅要幾天。

又譬如替員工申請醫療保險給付要花上六個禮拜，員工會問：「絕對保證隔天即達的精神去哪裡了？」聯邦快遞將醫療給付申請縮短爲一星期，現在則朝兩天的目標努力。或許他們的領導階層懂得以經營產業的原則來管理組織。那就是即時的、沒有時間落差的便捷措施。

雖然聯邦快遞用最誠懇的態度來改善組織，但顯然仍缺乏一種迫切感。該公司有一個「日落條款」，顧客的需求必須在日落前解決，如果不能解決，也要知道顧客的問題出在哪裡。聯邦快遞裡某些管理階層，也希望「日落條款」同樣適用在該公司的管理原則上。

一位資深主管說：「官僚體制掌控一切，我經常要花太多時間去爭取所需。尤其是幕僚部門，他們關心的焦點是如何在官僚體系裡運作，而非解決問題。譬如有時他們答應給我人、給我錢，但是我得花上一年的時間，才能讓他們核准計畫的架構與授權，屆時那年度的預算核准的期限又過了。」

即使在一個最好的組織裡，上述的喟嘆也不少見。此處的教訓是時間是關鍵資源，管理這個資源必須即時、同時處理「客戶」與「員工」的需求。

爲了創建一個即時運作的組織，聯邦快遞以資訊處理科技做爲攻擊官僚體制的武器。他們的「三稜鏡」(PRISM) 人事管理自動系統，就是設計來減少文書工作的，人事部員工憑密碼進入系統，直接在電腦上做薪資調整或分紅處理等文書工作。聯邦快遞的管理部門表示，這套系統非常好用，讓人事部門少了九成的文書工作。

就組織面來說，聯邦快遞絕非傳統的公司，也比一般公司好得多。雖說是科技的發展讓聯邦快遞可以建立一個高速的後勤整合系統，變成一個完全在即時基礎上運作的企業，但依然需要高度創意，套一句術語，叫做「搶在行動之前」。儘管從傳統標準來看，聯邦快遞都是一個很棒的組織，但是談到貫注新觀念，管理階層還是差一步，變成「反應派」。

聯邦快遞是新經濟的成功典範，領導者的遠見讓它比對手搶先一步把時間、空間、無物質當作資源，因而取得絕對的競爭優勢。要達到這種境界，領導者必須了解，整體不能拆解成單獨運作的一個個部分，而是必須側重部分與部分之間的關係，從而形成一個整體。即便聯邦快遞在這方面，也還有未臻完美之處。

走筆至此，似乎應當回顧本書一開始所提的論點：**如果管理階層只能處理已發生的事，那麼組織注定遠遠落在企業的需要後面**。工業時代經濟充滿這類組織，一旦暴露在新經濟時代的曙光裡，就會逐漸模糊、衰老，最終不可避免死亡，因爲它的管理階層是以「過去完成式」來管理組織，也就是只能處理「善後」。這種組織變成官僚巨獸，企業存在的目的是爲組織服務。走出死胡同的唯一方法，是採用新經濟時代的新管理模型，聯邦快遞便是一個發出新時代光芒的組織，讓我們期待有更多的企業能夠以「先見之明」，而非「過去完成式」的態度來管理組織。

注釋

❶以一九九四年爲例，福特汽車盈餘二十五億美元，汽車貸款就佔了十六億。

❷龐德後來跳槽到迅捷公司（Sprint），再跳到美國電話電報公司，目前是負責資訊系統的副總裁。

❸有關聯邦快遞的「後勤、電子商務與庫存服務」討論，是本書再版時補增的內容。

❹巴斯科岱爾先是跳槽到美國電話電報公司的無線行動電話公司（Wireless），後來又跳槽到網景公司（Netscape Communication），馬上一炮而紅，讓該公司在一九九五年八月股票上市時當場增值數億元。在那之前，該公司並無盈餘，總資產只值三千兩百萬美元，但是巴斯科岱爾上任後，讓該公司股票上漲了六倍，一九九六年初總資產的市場價格爲五十億美元。一九九六年二月，聯邦快遞又失去了一位資深主管，「全球客戶服務處」的執行副總雷薩克（Bill Razzouk）跳槽到美國線上公司（American Online）擔任總裁。這些高級主管的紛紛求去，尤其是巴斯科岱爾，顯示了聯邦快遞面臨了嚴重問題。它曾網羅許多傑出人才，最後卻無法人盡其才。聯邦快遞的核心產業與組織都已進入成熟階段，如果要追求新擴充，就必須再建立一個組織來達成這個目標。舊的結構與組織文化無法再因應聯邦快遞追求新的、未來完成式的經營目標。

7

前因

懸在邊緣

唯有活在邊緣，我們才得以探索、
成長、專精與成熟。同時，
邊緣也正是企業世界的競爭優勢所在。
未來的管理階層要學會「懸在邊緣」，
才有辦法學會新經濟時代的新管理原則。

理論告訴我們可以觀察什麼。

愛因斯坦

幾年前，我問一個負責某大公司長程規劃的主管，他最擔心的是什麼？他的回答令我大吃一驚，他說：「如果一個人知道『不知爲不知』，至少他們知道自己的問題所在。我最擔心的莫過我的屬下根本不知道自己『不知』。」過去幾年，我碰到不少主管都有相同憂慮。

不知道自己不知，是什麼意思？我們可以說，這是無知的福氣。但是大部分時候，一個人如果不知道自己無知，也就無法針對問題解決，因爲他根本不知道「有問題」。

認知的方式決定認識的程度

人們認知問題或事件的方式，決定了他對問題和事件的認識有多清楚。譬如新生兒就無法區分自己與環境不同，他必須先學會認識環境「不是我」，才能發展出清楚的「自我認知」。換言之，嬰兒剛出生時並不知道「自己不知道」，直到他發現他不知道「我」之外的環境是什麼，他才開始認知「我」、「物」的差別。這個經驗可能相當駭人。

對所有人來說，體驗存在的邊緣是一種既恐怖又興奮的經驗，從機械論世界觀改變至整體論世界觀，也像是活在邊緣的感覺。區分產業與組織的差異，把宇宙的基本面向視作管理的資源，擁抱大量定做等互爲矛盾的觀念，也是將我們推到邊緣。我們必須先學會習慣於活在邊緣，因爲唯有在邊緣，我們才得探索、成長、熟練與成熟，也是企業世界的競爭優勢所在。未來的管理階層要學會「懸在邊緣」，才有辦法學會新經濟時代裡的新管理原則。

●理性與創意孰重？

譬如理性與創意一直被認爲是互斥的特質，而大公司裡，理性員工總比創意人才多。理性型的人專注於事實，但事實是「過去」的說明，而理論則牽涉未來的預測。一旦理論被當作事實來接受，它也就與「過去」連結在一起。越尊重事實的人，越有可能抗拒改變。當世事變化日快，你就越無法仰賴事實，越需要求助於想像力。

銀行界裡，證券經紀人依賴事實做線形、連續性思考，相較之下，外匯買賣操作員較仰賴直覺。同樣的，套利工作百分之八十仰賴事實，剩下的百分之二十爲直覺。外匯買賣則完全相反，最好的外匯買賣操作員都是直覺型人物，仰賴感覺、想像力，還有一種對行情的全面觀。信孚銀行（Banker Trust）的外匯買賣部主管，現年三十六歲，一年分紅可達數十萬美元，比該部門的裏理還多，他堅信，成功的外匯操作員是「使用右腦的人，任何時間都可以綜觀全局」。換句話說，當機器處理資訊的能力越趨成熟時，我們就越需要那種不仰賴事實卻倚賴想像力的人。

工業時代的模型壓抑人性，因爲大量生產代表小心翼翼，注意不斷重複的細節，因此社會訓練過程就是要壓抑人類天生具有的愉悅、好玩與創造力，方能忍耐成人生活的枯燥。譬如幾個世代以前，學童還會因天生創造力豐富而受罰，最常見的懲罰是罰寫一百遍「我不再說ＸＸＸ」，這種懲罰的目的就是磨練小孩習慣工業時代枯燥重複的勞力工作。當然到了今天，懲罰的方式可能傾向鼓勵創造力，譬如讓學生造出一百句不同的「我不再說ＸＸＸ」。

理解新經濟的典範，必須先有組織人力管理的新路線。序列階層造成一個組織裡只有少數幾個創意人，大部分的員工都是仰賴左腦的非創意人。這種模型適用於工業社會，因為工業社會的工作多是不須仰賴創意的。

新經濟時代裡，這樣的工作多半被電腦取代了，未來的員工訓練方向將大大改變。根據布萊斯利（Thomas R.Blakeslee）的觀察，未來的教育重心會移往「訓練人們做電腦做不來的事；開發創造力與整體論思惟方式都是首要之務。」從現在起到二〇〇一年間，如果所有的大公司都在人員培養與訓練上，改成理性與創意並重，未來的產業世界會是什麼樣子？

●員工與公司誰大？

另外值得一問的是：如果員工改變對工作的看法，把自己推向邊緣，結果會如何？縮編是一種企業趨勢，如果一個公司保證不裁員，而讓員工放手去裁減不必要的工作，結果會如何？我們會看到組織不再是塊狀的集合，每一個部分都可以同時是整體。

管理階層把重心從成長轉為品質時，就會以較少的資源（尤其是人力）來創造更高的產值。問題是，所有的縮編、人事減肥都是由上而下，由高位階者決定低位階者的去留。你什麼時候看過公司縮編，員工會自動裁減自己的工作，遑論在上位者。

我們在〈任何時間〉一章裡曾討論過，問題解決者宣稱「問題不可能徹底解決」，因為他們是靠局部減輕症狀謀生。如要用整體論觀點來縮編公司人事，人人都會感到陌生，因爲那是自問：我的工作要如何縮減，甚或整個刪除。這可需要全新的心態。

如果員工都專注於刪除自己的工作，這個公司會是什麼樣子？雖然乍看矛盾，實務上卻有可能達成。假設公司保證決不裁員，鼓勵員工都盡量裁減自己的工作到零。理論上，如果員工照做，就會變成大風吹搶椅子的遊戲，乍看熱鬧萬分，其實什麼意義也沒。實務上呢？當然不是所有員工都相信「保證不裁員，盡量刪減自己的工作」這一套，那是理想世界。但是那些相信公司的人，幫助了自己也幫助了公司。至於那些不相信的人，反正他們的工作也一定是可以完全刪除的。

這個例子的意義不全在公司縮編，更在給予員工全新的心態，從「保住飯碗」，調整到可以認知局部（他的工作）與整體（公司）其實是一而二，二而一的。日本公司在這方面就做得很好，員工與公司是一體的，既是部分也是整體，終生雇用原則不過是這種企業文化的一部分而已。美國企業文化不可能如此，必須另尋奇徑致之。不管奇徑爲何，它的核心一定是：宇宙現實是整體論運作的，所有的面向都可以當作資源，運用在科學科技上，進而啓發產業與組織，讓人類擁有更美好的生活。

尾聲

本書開宗明義就提到，企業演進的原則是：宇宙→科學→科技→產業→組織。我強力主張，如要理解未來產業與組織的面貌，就必須理解宇宙的組成面向如何影響一切。我的主張不是飄渺的哲學，它對企業管理的重要性是可以實證的。

結束本章之前，我想重新回顧這條演化線，順著宇宙↓科學↓科技↓產業↓組織這條線發展，組織最後難道不是陷入死胡同？如果以機械論、線形思考方式來看，組織如果還要成長演化，勢必在它後面還要有一個箭頭，箭頭後面還有一個新的元素。解決這個謎題的方案不是傳統的圓形回饋，順著箭頭再回來，那是無聊的戲法。某個程度來說，組織的死胡同就是官僚體制，唯一的出路是我一再強調的：一個涵括一切的組織模型。

另一個解決方案是放棄線形、機械論式思惟，改採整體論觀念，從整體論出發，演化線上的每一點都是演化的整體。如果我們能體會時間、空間、物質是宇宙，也是科學、科技、產業與組織的決定要素，進而抓住部分與部分的關係，組織的成長與新的模式自然會產生。

我的演化整體論觀點其實是誕生於一個偶然機會，受到一位「特殊的經理人才」啓發。一九七二年，倫敦成立了一家銀行，集合了第三世界販售石油的兩億五千萬美元資金。今日，這家銀行已是全世界成長最爲快速的銀行之一，總資產超過一百五十億美元。

美國一家銀行一度在這家銀行控股百分之二十，但是兩邊的主管人員來自兩個截然不同的世界，後來合作關係終結。這家銀行是個全球性公司，組織與公司文化都沒有西方色彩，也找不到兩個高級主管來自同一個國家。當時，它的總裁是一位年紀六十開外的巴基斯坦紳士，輕聲細語，非常有教養，讓人聯想到穿著細條紋西裝的甘地。

當時我受邀與這位總裁與幾位高級主管在倫敦一家銀行家俱樂部聚餐，他們已經閱讀過這本書的草稿。在高級餐具、精美食物陪伴下，那頓餐會變成一個長達三小時的東／西哲學對話錄，充滿了睿智與生氣勃勃的氣氛，但同時也不偏離實務。

當時，我提到了企業組織的演進圖，談到了演進環節間的時間落差，也談到了如果照線形演進圖發展，就會違反了整體論的觀點。

這時這位總裁以老師教導學生的口吻道：「可是，戴維斯博士，難道你看不出我們是**直接**由宇宙跳到管理麼？」

我記起了諾貝爾物理獎得主狄拉克（Paul Dirac）的名言：「尋找方程式裡的美感，比讓它適用於實驗更重要。因爲如果一個人堅持尋找方程式裡蘊藏的美感，而這個人又有深入的洞察力，我確信他已經走在進步的正確途徑上了。」狄拉克的話令我想起了電影《二〇〇一年外太空漫遊》，裡「星際之子號」的倖存者波曼艦長。演進圖只是個鷹架，是邁向新經濟時代新觀念的必要輔助，最終，這個演進圖會失去存在的必要。當管理階層懂得把時間、空間與物質當作資源，而非路障時，我們的組織方法也將不再苦苦拖拉於後。

touch

WWW.新家庭

開創網路時代的親子學習文化

The Connected Family

Bridging the Digital Generation Gap

M.I.T.學習研究室主任 Seymour Papert

麻省理工學院權威兒童電腦教育學者的洞見

李鐏龍／賴慈芸／周文萍⊙譯

家庭生活邁入數位時代，現在的孩子比他們的父母更懂電腦。
本書針對完全不懂電腦，或稍具電腦常識，
但迫切需要正確電腦教育觀念的父母、祖父母和老師而寫。
作者以平易近人的敘述方式，探討每位父母心中有關電腦教育的疑慮。
他在書中告訴我們：如何把電腦遊戲轉變成有益的學習工具；
為什麼有些標榜富有教育性的軟體，其實違反了學習原理；
最重要的，是如何縮短親子間的「數位代溝」。

touch

未來英雄

Digerati

Encounters with the Cyber Elite

約翰・布洛曼 (John Brockman)

譯者：汪仲／邱家成／韓世芳

網際網路正在主導一個新文明的形成。
這本書為我們引介33位指向未來世界的最尖端菁英。
他們是這場文明革命的思想者、建構者，也是遊戲者。
在本書中，他們透露自己改造這個世界的構想，
既彼此尖銳辯駁，也互相詮釋，
為我們指出一個思考我們自身與這個世界的新典範。

touch

10倍速時代

英代爾總裁葛洛夫的觀察與解讀

Only the Paranoid Survive

How to Exploit the Crisis Points That Challenge Every Company and Career

Intel總裁 **Andrew S. Grove**

最具影響力的人物談最具影響力的變化

王平原⊙譯

沒有人欠你一份工作，更沒有人欠你一份事業。我們置身一個成功和失敗都以10倍速進行的時代。
10倍速時代，行動準則與節奏是不同的。世界在既延伸又拉近，既垂直又水平，既協力又競爭。
時間，不保証任何企業，或個人的成就。上一個小時造就你的因素，下一個小時就顛覆你。
無論企業，或是個人，都必須掌握這個節奏，否則，就接受沒頂。

國家圖書館出版品預行編目資料

量子管理 / 史丹・戴維斯（Stan Davis) 著；
何穎怡譯. -- 初版. -- 臺北市：大塊文化，
1997［民 86］
面；　公分. -- (Touch系列：04)
Future Perfect
ISBN 957-8468-21.-0 (平裝)

1.企業管理　2. 組織 (管理)

494　　86007923

1 1 6 台北市羅斯福路六段142巷20弄2-3號

廣 告 回 信
台灣北區郵政管理局登記證
北台字第10227號

大塊文化出版股份有限公司　收

請沿虛線撕下後對折裝訂寄回，謝謝！

地址：＿＿＿市／縣＿＿＿鄉／鎮／市／區＿＿＿＿路／街＿＿＿段＿＿＿巷

＿＿＿弄＿＿＿號＿＿＿樓

姓名：

大塊 LOCUS 文化

編號：TO004　　書名：量子管理

讀者回函卡

謝謝您購買這本書，爲了加強對您的服務，請您詳細填寫本卡各欄，寄回大塊出版 (免附回郵) 即可不定期收到本公司最新的出版資訊，並享受我們提供的各種優待。

姓名：______________________ **身分證字號**：______________________

住址：____

聯絡電話：(O)______________________ (H)______________________

出生日期：________年______月______日

學歷：1.□高中及高中以下　2.□專科與大學　3.□研究所以上

職業：1.□學生　2.□資訊業　3.□工　4.□商　5.□服務業　6.□軍警公教　7.□自由業及專業　8.□其他________

從何處得知本書：1.□逛書店　2.□報紙廣告　3.□雜誌廣告　4.□新聞報導　5.□親友介紹　6.□公車廣告　7.□廣播節目8.□書訊　9.□廣告信函　10.□其他____________

您購買過我們那些系列的書：

1.□Touch系列　2.□Mark系列　3.□Smile系列　4.□catch系列

閱讀嗜好：

1.□財經　2.□企管　3.□心理　4.□勵志　5.□社會人文　6.□自然科學　7.□傳記　8.□音樂藝術　9.□文學　10.□保健　11.□漫畫　12.□其他_____

對我們的建議：____

____

____

LOCUS

LOCUS

LOCUS

LOCUS